上海理工大学一流本科系列教材

新能源与可再生能源工程

赵兵涛　苏亚欣　编著

New and
Renewable Energy
Engineering

化学工业出版社

·北京·

内容简介

本书以新能源与可再生能源为主线，就典型新能源与可再生能源的基本理论、过程原理和应用实践等进行了分门别类的详细阐述。本书注重基础理论与工程实践相结合，涵盖了典型新能源与可再生能源领域的主要内容，包括风能、太阳能、生物质能、氢能、地热能与海洋能及天然气水合物、新型核能，以及我国新能源与可再生能源的发展规划与行动方案等，集成了新能源与可再生能源利用方面的最新理论、工艺、方法、技术和进展等。

本书具有较强的专业性、针对性和适用性，可作为普通高等学校能源动力类新能源科学与工程、能源与动力工程、能源与环境系统工程、储能科学与工程、能源服务工程等专业本科生教材以及动力工程与工程热物理学科及相关学科研究生教材使用，也可供能源、动力、化工、环保及材料等领域科研人员、工程技术人员和管理人员参考使用。

图书在版编目（CIP）数据

新能源与可再生能源工程/赵兵涛，苏亚欣编著. —北京：化学工业出版社，2022.10（2023.8重印）
ISBN 978-7-122-42053 4

Ⅰ.①新… Ⅱ.①赵… ②苏… Ⅲ.①新能源-高等学校-教材②再生能源-高等学校-教材 Ⅳ.①TK01

中国版本图书馆 CIP 数据核字（2022）第 153940 号

责任编辑：刘兴春 刘 婧　　　　　　　　　　文字编辑：王云霞
责任校对：宋 玮　　　　　　　　　　　　　　装帧设计：韩 飞

出版发行：化学工业出版社（北京市东城区青年湖南街 13 号　邮政编码 100011）
印　　装：北京科印技术咨询服务有限公司数码印刷分部
787mm×1092mm　1/16　印张 13¾　字数 306 千字　　2023 年 8 月北京第 1 版第 2 次印刷

购书咨询：010-64518888　　　　　　　售后服务：010-64518899
网　　址：http://www.cip.com.cn
凡购买本书，如有缺损质量问题，本社销售中心负责调换。

定　　价：58.00 元　　　　　　　　　　　版权所有　违者必究

前 言

随着常规能源与经济、环境可持续发展的矛盾日渐突出，在当前"碳达峰"和"碳中和"的宏观背景下，大力发展和利用新能源与可再生能源是我国可持续发展战略的必然选择和重要组成，对于我国能源安全战略和协同减污降碳具有重要意义。

新能源与可再生能源工程具有多学科交叉、专业跨度大、综合性强的特征，涉及物理、化学、能源动力、环境、材料、机械、生物及经济等理工科学科领域。随着新能源与可再生能源利用的持续发展和推进，当前国内已有一百余所高等院校开设了新能源科学与工程专业或与之密切相关的能源动力类专业，但是与专业课程配套的教材总体而言相对较少。因此，有必要编写具有针对性、专业性和适用性的新能源与可再生能源工程的教材，以满足专业课程设置、人才培养和学科发展的需求。

本书根据普通高等学校能源动力类新能源科学与工程专业的发展和人才培养的需要编写而成，旨在阐述典型新能源与可再生能源的基础理论、技术工艺和工程设计，同时涵盖了新能源与可再生能源技术的最新发展。

全书内容共分为8章，分别介绍了新能源与可再生能源的发展现状及意义、风能、太阳能、生物质能、氢能及燃料电池、地热能与海洋能及天然气水合物、新型核能，以及我国新能源与可再生能源的发展规划与行动方案等内容。全书在内容上力求有所侧重、突出特色，即采用有所为有所不为的策略，侧重阐述典型新能源与可再生能源的原理、方法、工艺和参数，避免泛泛而谈；重点突出基本理论、技术原理、工艺流程、设计方法这一主线特色，并使各章既自成体系又相互连贯。同时，全书内容兼顾主题性、新颖性、系统性与实用性的统一。

本书由上海理工大学赵兵涛、东华大学苏亚欣编著。具体分工为：赵兵涛编著第1~4章、第7~9章，苏亚欣编著第5章和第6章。参与文字编辑及绘图工作的人员还有上海理工大学丁璐、冯少波、陈振宇、陈垚、张浩楠、朱绍良和马嘉欣等。上海理工大学能源与动力工程学院谢应明、郝小红、关欣和崔国民等诸多同事为本书的编著提出了许多宝贵的意见和建议，兄弟院校从事新能源与可再生能源领域教学与科研的同仁也给予了热情帮助和支持。本书的出版得到上海理工大学一流本科系列教材建设项目的资助。在此一并表示衷心感谢。

由于编著者水平有限，书中疏漏与不足之处在所难免，恳请广大读者批评指正。

编著者

2022 年 6 月

目 录

第 3 章　太阳能　　　　　　　　　　　　　36

第 4 章　生物质能　　　　　　　　　　　　　77

第8章　我国新能源与可再生能源的发展规划与行动方案　198

第1章

绪　论

能源是国民经济和社会发展的命脉。在传统能源与经济、环境的矛盾日益凸显的大背景下，发展和利用新能源与可再生能源就成为当务之急。本章将就新能源与可再生能源的内涵与表征、在我国的发展现状与趋势，以及发展新能源与可再生能源的必要性及意义进行介绍，以便读者对新能源与可再生能源的内容有一个总体性的认识。

1.1　新能源与可再生能源的内涵与表征

能源是经济和社会发展的重要物质基础。工业革命以来，世界能源消费剧增，煤炭、石油、天然气等化石能源资源消耗迅速，生态环境不断恶化。特别是温室气体排放导致日益严峻的全球气候变化，使人类社会的可持续发展受到严重威胁。因此，新能源与可再生能源的发展和利用就显得尤为重要。

1.1.1　内涵特征与分类

一般而言，常规能源是指技术上比较成熟且已被大规模利用的能源，而新能源通常是指尚未大规模利用、正在积极研究开发的能源。

1981 年召开的联合国新能源与可再生能源会议，将"新能源与可再生能源"正式定义为：以新技术和新材料为基础，使传统的可再生能源得到现代化的开发和利用，用取之不尽、周而复始的可再生能源取代资源有限、对环境有污染的化石能源，重点开发太阳能、风能、生物质能、潮汐能、地热能、氢能和核能。20 世纪 90 年代，联合国开发计划署明确将"新能源与可再生能源"划分为三类，即大中型水电、传统生物质能和新可再生能源（包括小水电、太阳能、风能、现代生物质能、地热能、海洋能）。

《中华人民共和国可再生能源法》中的可再生能源是指风能、太阳能、水能、生物质能、地热能、海洋能等非化石能源（图 1.1）。

当前一般的共识是，除了常规化石能源（煤、石油、天然气）和常规核能之外，其他能源都可称为新能源与可再生能源，主要包括风能、太阳能、水能、生物质能、地热能、海洋能和氢能等。

| (a) 风能 | (b) 太阳能 | (c) 生物质能 |
| (d) 海洋能 | (e) 地热能 | (f) 水能 |

图 1.1　典型新能源与可再生能源

　　新能源与可再生能源的特征表现为：资源潜力大，环境污染低，技术经济性不断改善，可持续利用，是有利于人与自然和谐发展的重要的可替代能源。

　　新能源有多重类别属性。能源按其基本形态，可以分为一次能源和二次能源。一次能源即天然能源，指在自然界中以原有形式现成存在的、未经加工转换的能量资源。一次能源又可分为可再生能源（水能、风能、太阳能及生物质能）和非再生能源（煤炭、石油、天然气、油页岩等）。二次能源是指由一次能源经过加工转换以后得到的能源，包括电能、汽油、柴油、液化石油气和氢能等。二次能源又可以分为"过程性能源"和"含能体能源"，电能、热能是应用广泛的过程性能源，汽油、柴油是应用广泛的含能体能源，而氢能是最具潜力的含能体能源。

1.1.2　计量表征方法

　　由于新能源与可再生能源具有不同的种类和形式，因此其实物量值是不能直接进行比较的。但是它们有一种共同的属性，即都直接或间接地与热有联系。不同类型能源的热值有高有低。按照其热值把它们折合成标准燃料，便能对其进行统计、对比和分析。

　　各种能源有不同的单位，如千瓦、立方米、焦耳、吨、桶等，为了方便对比和统计，选定某种统一的标准燃料作为计算依据，然后通过各种能源实际含热值与标准燃料热值之比，即能源折算系数，计算出各种能源折算成标准燃料的数量。所选标准燃料的计量单位即为当量单位。

　　当前常用的当量单位包括标准煤当量（标准煤）和标准油当量（标准油）。国际能源署（IEA）规定：1kgce(千克煤当量)＝7000kcal(千卡)＝29307kJ(千焦)；1kgoe(千克油当量)＝10000kcal(千卡)＝41868kJ(千焦)。常用吨煤当量（又称吨标准煤，ton coal equivalent，tce）和吨油当量（又称吨标准油，ton oil equivalent，toe）作为计量单位。

　　我国常用的能源与标准煤的折算系数是：原煤按平均热值 20.9MJ/kg(5000kcal/

kg）计算，折算系数为 0.714kgce/kg；原油热值按 41.8MJ/kg（10000kcal/kg）计算，折算系数为 1.427kgce/kg；天然气热值按 39.0MJ/m³（9310kcal/m³）计算，折算系数为 1.33kgce/m³。典型生物质的折算系数为：稻秆 0.429kgce/kg，麦秆 0.500kgce/kg，玉米秆 0.529kgce/kg，薪柴 0.571kgce/kg，沼气 0.714kgce/m³ 等。

1.2　我国能源及新能源与可再生能源发展现状与趋势

1.2.1　我国能源的总体现状

目前，我国已成为世界能源生产和消费大国，但人均能源消费水平还很低。随着经济和社会的不断发展，我国能源需求将持续增长。因此，增加能源供应、保障能源安全、保护生态环境、促进经济和社会的可持续发展，是我国经济和社会发展的一项重大战略任务。

中国能源研究会《中国能源发展前沿报告（2021）》指出，2010～2020 年的十年间，我国煤炭消费占能源消费总量比重由 69.2% 降至 56.7%，降低了 12.5 个百分点；清洁能源消费总量占能源消费总量比重由 13.4% 增长至 24.4%，增加了 11 个百分点。能源消费结构持续向绿色低碳转变（图 1.2）。

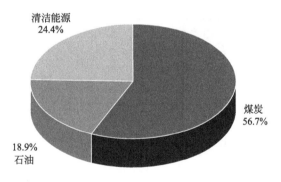

图 1.2　2020 年我国能源消费结构

2020 年，在深化能源供给侧结构性改革、优先发展非化石能源等一系列政策措施的大力推动下，我国清洁能源继续快速发展，清洁能源消费比重持续提升，能源结构持续优化。初步核算，2020 年天然气、水电、核电、风电等清洁能源消费占能源消费总量比重比上年提高 1.1%，煤炭消费所占比重下降 1.0%，清洁电力生产比重大幅提高。2020 年规模以上工业水电、核电、风电、太阳能发电等一次电力生产占全部发电量比重为 28.8%。

1.2.2　新能源与可再生能源的发展现状

近年来，我国清洁可再生能源持续增长，清洁低碳、安全高效的能源体系正加快构建，推动能源绿色发展已经成为生态文明建设的重要内容，成为新时代能源发展的主题。新能源和可再生能源生产和消费实现快速增长，有力推动了清洁低碳的绿色能源体系建设，促进了能源经济向以生态为核心发展方式的转变。

当前我国能源消费结构的总体发展趋势为，能源消费结构向清洁化、优质化发展，可再生能源消费比重稳步提升，可再生能源发展进入高比例增量替代和区域性存量替代新阶段。

根据《中国可再生能源发展报告（2020）》，截至"十三五"末期（2020 年），我国新能源与可再生能源继续快速发展。全口径发电总装机容量为 2.2×10^9 kW，同比增长 9.5%。其中，可再生能源发电装机容量从"十三五"初期的 5.02×10^8 kW 增长到 9.35×10^8 kW，年均增长 13.2%，占全部发电装机容量的 42.5%。2020 年全口径总发电量为 7.62×10^{12} kW·h，同比增长 4.0%，其中可再生能源发电量从"十三五"初期的 1.3×10^{12} kW·h 增长到 2.22×10^{12} kW·h，年均增长 9.9%，占全部发电量的 29.1%。2020 年全年水电、风电、光伏发电利用率分别达到 97%、97% 和 98%；产业优势持续增强，风电、光伏发电基本形成全球最具竞争力的产业体系和产品服务；减污降碳成效显著，2020 年我国可再生能源利用规模达到 6.8×10^8 tce，相当于替代煤炭近 1.0×10^8 t，减少二氧化碳、二氧化硫和氮氧化物排放量分别约达 1.79×10^9 t、8.64×10^5 t 和 7.98×10^5 t，为生态文明建设夯实基础根基。

"十三五"期间我国可再生能源发电装机容量和发电量变化趋势和占比见图 1.3。

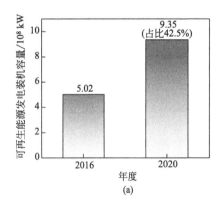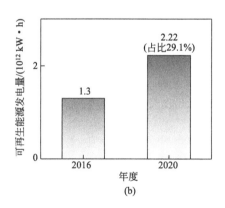

图 1.3　"十三五"期间我国可再生能源发电装机容量和发电量变化趋势和占比

（1）风力

风力发电装机规模大幅增长。2020 年新增装机容量 7.167×10^7 kW，同比增长 34%；总装机 2.8153×10^8 kW，占全部电源 12.8%。发电量持续提升、利用时间略有增长：年发电量 4.665×10^{11} kW·h，同比增长 15%，占全部电源发电量的 6.1%；年利用时间 2097h，较 2019 年增加 15h。

三北地区［即东北、华北和西北（包括内蒙古和甘肃走廊）］是发展重点，其新增装机 60%。海上风电发展迅速，新增装机 3.06×10^6 kW，同比增长 51.6%，占全球新增装机规模 50.5%，总装机 8.99×10^6 kW。受补贴退坡及项目建设时限影响，单位功率造价同比有较大上升，陆上平原集中式平均开发单价 6500 元/kW、山区集中开发平均单价 7800 元/kW、海上风电开发单价 17800 元/kW。

（2）太阳能

太阳能发电装机规模大幅增长。新增装机 $4.869×10^7kW$，同比增长 23.8%。总装机 $2.5343×10^8kW$，占全部电源的 11.5%。年发电量 $2.611×10^{11}kW·h$，同比增长 16.4%，占全部电源发电量的 3.4%。光伏发电年利用时间 1160h。

产业竞争力不断提升。光伏发电技术水平不断提升，规模化生产的单晶硅电池均采用发射极及背面钝化（PERC）技术，平均转换效率达到 22.8%；光伏发电多晶硅、硅片、电池片、组件产量增长较快，分别同比增长 15.8%、19.8%、22.2% 和 26.4%。发电成本不断降低，全年硅片、电池、组件产品价格分别下降 5.7%、6.7% 和 10.5%；光伏电站、分布式光伏造价分别下降至 3990 元/kW 和 3380 元/kW。

（3）生物质能

生物质能利用规模快速增长。新增发电装机 $5.43×10^6kW$，同比增长 22.5%；总装机达到 $2.952×10^7kW$，占全部电源 1.4%。年发电量 $1.326×10^{11}kW·h$，同比增长 19.4%。占全部电源发电量的 1.8%。生物天然气年产能达到 $1.5×10^8m^3$，生物质清洁供暖面积达到 $3.0×10^8m^2$，成型燃料年产量 $2×10^7t$。

生物质能利用技术水平不断提升。生物质发电锅炉效率不断提升，发电机组进气参数进一步升高。生物质天然气生产效率不断提高。生物质供热锅炉适用范围进一步拓展，成型燃料清洁度提升、品质更优。

（4）地热能

地热供暖制冷规模整体保持增长。中国浅层地源热泵供热制冷建筑面积约 $8.58×10^8m^2$。北方地区中深层地热供暖面积约 $1.52×10^8m^2$，位居世界第一。

浅层地热供暖制冷在国内全面铺开，特别是在长江中下游地区、粤港澳大湾区得到快速发展；中深层地热供暖持续增长，初步形成河北雄安新区、河南地热供暖城市群；地热发电稳步推进，装机容量进一步提高。

（5）氢能

2020 年氢气产能约 $4.1×10^7t$，同比增长 8.7%。伴随着可再生能源发展规模的不断壮大，可再生能源规模化制氢开始起步。

氢能产业集群已现雏形，初步形成东西南北中氢能产业发展区域。加氢站建设布局加快，加快加氢网络建设，加氢站规模位居世界第二。2020 年新建加氢站 59 座，累计 128 座。开始 70MPa 加氢站技术研究，加氢能力由 500kg/d 向 1000kg/d 提升。当前面临的问题是降低电价成本、提高转化效率，促进可再生能源制氢规模化发展。

1.2.3 新能源与可再生能源的发展特点和趋势

根据《中国可再生能源发展报告（2020）》，当前我国各类新能源与可再生能源呈现以下总体发展态势：

一是可再生能源将成为增量主体。"十四五"期间，预计可再生能源发电新增装机容量占总量 70%，占一次能源消费增量 50%。到 2025 年，预计可再生能源发电装机占发电总装机的 50％以上。

二是新能源为主体的新型电力系统加快形成。"十四五"期间新能源开发和消纳大幅度提升，满足消纳、保障可靠供电，应加快构建以新能源为主体的新型电力系统。

三是新能源开发利用创新更加活跃。农光互补、渔光互补、光伏治沙等模式持续壮大，新能源发电与 5G 基站、大数据中心等产业融合发展，新能源不断向汽车充电桩、铁路沿线、公路服务区等交通领域推广应用。

四是水电发展迎来新的驱动力。有序推进金沙江、雅砻江、大渡河等西南水电基地建设功能定位以电量为主逐渐转变为容量支撑，推进水风光互补综合开发。

五是陆上风电将向高质量方向发展，海上风电积极有序推进。陆上风电就地开发利用与规模化开发外送并举，"由近及远"发展海上风电、近海优化布局深化、远海示范发展。

六是光伏发电发展前景更加广阔。技术进步促进光热发展——"光伏＋光热、交通、新基建"，未来具备广阔发展前景，技术进步、降本增效将促进光热发展。

七是生物质非电利用持续增长。生物天然气和生物质成型燃料将持续增长，生物质能将促进农村生态文明建设，助力乡村振兴。

八是地热能创新发展，市场前景广阔。北方地区地热供暖将较快发展，长江中下游地区将成为浅层地热能开发建设的重点区域。

九是新型储能进入规模化发展阶段。以需求为导向，新型储能向高安全、长寿命、高效率、低成本、大规模和环境友好方向不断突破。

十是规模化制氢开始启动，加快能源变革的进程。随着政策支持和产业进步，可再生能源制氢（绿氢）将迎来较好发展前景；加强氢能关键技术的研究，重点发展氢能制、储、运、加、用各环节的关键技术；推动可再生能源制氢项目的示范推广。

1.3 发展新能源与可再生能源的必要性及意义

新能源与可再生能源是重要的能源资源，发展和利用新能源与可再生能源具有以下重要意义：

第一，发展新能源与可再生能源是落实习近平新时代中国特色社会主义思想、建设资源节约型社会的基本要求，也是实现经济、社会可持续发展的战略选择。

习近平新时代中国特色社会主义思想学习纲要第十三部分"建设美丽中国——关于新时代中国特色社会主义生态文明建设"中指出：加快形成绿色发展方式，重点是调整经济结构和能源结构，优化国土空间开发布局，培育壮大节能环保产业、清洁生产产业、清洁能源产业，推进生产系统和生活系统循环链接。

充足、安全、清洁的能源供应是经济发展和社会进步的基本保障。我国人口众多，能源与社会发展呈现人均能源消费水平低、能源效率低、能源需求增长压力大、能源供应与经济发展的矛盾十分突出的显著特点。从根本上解决我国的能源问题，不断满足经济和社会发展的需要，保护环境，实现可持续发展，除大力提高能源效率外，加快开发利用新能源与可再生能源是习近平新时代中国特色社会主义思想、建设资源节约型社会的基本要求，也是实现经济、社会可持续发展的重要战略选择。

第二，发展新能源与可再生能源对于维护我国能源安全战略意义重大。

当前，我国已经成为全球第二大经济体，经济快速发展和14亿人口带来的巨大能源消费需求，使我国能源供需矛盾日益突出，能源对外依存度增高。在中国崛起的情况下，西方国家对华遏制加剧，我国周边局势日趋复杂，地缘政治变化使我国能源供应体系更加严峻。能源安全涉及经济安全乃至国家安全。因此，要以能源独立自给为基本方向，节约能源、减少消耗的同时大力发展替代化石能源的可再生能源，例如光能、风能、生物质能源等。所以，发展新能源与可再生能源对于维护我国能源安全战略意义重大。

第三，发展新能源与可再生能源是保护环境、应对气候变化的重要措施。

目前，我国环境污染问题突出，生态系统脆弱，大量开采和使用化石能源对环境影响很大，特别是我国能源消费结构中煤炭比例依然偏高，二氧化碳排放增长较快，对气候变化影响较大。可再生能源清洁环保，开发利用过程不增加温室气体排放。开发利用可再生能源，对优化能源结构、保护环境、减排温室气体、应对气候变化具有十分重要的作用。

第四，发展新能源与可再生能源是建设社会主义新农村的重要措施。

农村地区可再生能源资源丰富，加快可再生能源开发利用，一方面可以利用当地资源，因地制宜解决偏远地区电力供应和农村居民生活用能问题；另一方面可以将农村地区的生物质资源转换为商品能源，使可再生能源成为农村特色产业，有效延长农业产业链，提高农业效益，增加农民收入，改善农村环境，促进农村地区经济和社会的可持续发展。

第五，发展新能源与可再生能源是开拓新的经济增长领域、促进经济转型、扩大就业的重要选择。

新能源和可再生能源资源分布广泛，各地区都具有一定的可再生能源开发利用条件。可再生能源的开发利用主要是利用当地自然资源和人力资源，对促进地区经济发展具有重要意义。同时，可再生能源也是高新技术和新兴产业，快速发展的可再生能源已成为一个新的经济增长点，可以有效拉动装备制造等相关产业的发展，对调整产业结构、促进经济增长方式转变、扩大就业、推进经济和社会的可持续发展意义重大。

思考题

1. 简述新能源与可再生能源的概念及主要形式。
2. 简述当前典型新能源在我国能源消费结构中的占比。
3. 简述当前我国各类新能源与可再生能源的总体发展态势。
4. 发展利用新能源与可再生能源有何意义？

参考文献

［1］ 中国能源研究会. 中国能源发展报告（2021）［R］. 2021.

［2］ 水电科学研究总院. 中国可再生能源发展报告（2019）［M］. 北京：水利水电出版社，2020.

［3］ 水电科学研究总院. 中国可再生能源发展报告（2020）［M］. 北京：水利水电出版社，2021.

［4］ 关于印发可再生能源中长期发展规划的通知（发改能源〔2007〕2174号）［EB/OL］. 2007-8-31. http：//www. nea. gov. cn/2007-09/04/c_131053171. htm.

第2章

风　能

风能是新能源、可再生能源、清洁能源。截至 2020 年末，我国风能总装机 $2.8153 \times 10^8 \mathrm{kW}$，占全部电源的 12.8%；年发电量 $4.665 \times 10^{11} \mathrm{kW \cdot h}$，同比增长 15%，占全部电源发电量的 6.1%；年利用时间 2097h。风能对于我国可持续能源消费结构的发展具有重要意义。本章将概述风能基础知识，介绍风力发电基本原理、风电系统构成与风电运行方式，典型风力机原理和设计方法，以及风电系统的构成和运行。

2.1　风能概述

风能就是空气的动能，是指风所负载的能量，风能的大小取决于风速和空气的密度。

风能产生的原因在于地球上和大气中，各处接收到的太阳辐射能和放出的长波辐射能是不同的，因此在各处的温度也不同，从而造成了气压差，大气便由气压高的地方向气压低的地方流动。水平方向的大气流动就是风。因此，从本质上讲，风的能量由太阳辐射能间接衍化而来。

2.1.1　风能参数及其表征

2.1.1.1　风向、风速与风频

（1）风向

风的来向称为风向，一般用 16 个（或 8 个）罗盘方位来表征。以 16 方向为例，将罗盘上 360° 方位按照每 22.5° 一格划分成 16 格，将实时采集的各个风向统计到这些方向上，所表示的风向是从外面吹向中心的方向（图 2.1）。

（2）风速及风速廓线

风的速度称为风速。风速通常也与风力等级相关。风力是指风吹到物体上所表现出的力量的大小。根据我国 2012 年 6 月发布的《风力等级》国家标准，依据标准气象观

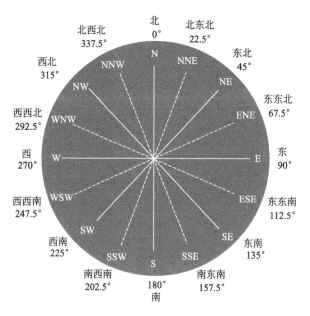

图 2.1　风向方位图

测场 10m 高度处的风速大小，按蒲福风力等级依次划分为 0～17 共计 18 个等级（其中 12 级以上台风补充到 17 级），如图 2.2 所示。表达风速的常用单位为 m/s。

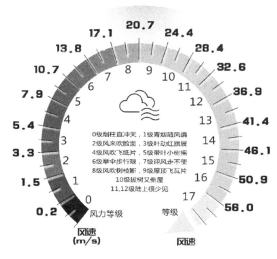

图 2.2　风力等级图

风速与风级的关系通常用下式进行换算：

$$v = 0.836F^{3/2} \tag{2.1}$$

式中　v——风速，为该风力等级的中数（取整数），指相当于 10m 高处的风速，m/s；

　　　F——风级，级。

风速与风级对应关系见表 2.1。

表 2.1　风速与风级对应关系

风级	名称	风速/(m/s)	风速中数/(m/s)	陆地物象
0	无风	0.0～0.2	0	静烟直上
1	软风	0.3～1.5	1	烟示风向
2	轻风	1.6～3.3	2	感觉有风
3	微风	3.4～5.4	4	旌旗展开
4	和风	5.5～7.9	7	吹起尘土
5	劲风	8.0～10.7	9	小树摇摆
6	强风	10.8～13.8	12	电线有声
7	疾风	13.9～17.1	16	步行困难
8	大风	17.2～20.7	19	折毁树枝
9	烈风	20.8～24.4	23	小损房屋
10	狂风	24.5～28.4	26	拔起树木
11	暴风	28.5～32.6	31	损毁重大
12	飓风	32.7～36.9	＞33	摧毁极大
13	—	37.0～41.4		
14	—	41.5～46.1		
15	—	46.2～50.9		
16	—	51.0～56.0		
17	—	≥56.1		

注：风速为相当于 10m 高度处风速。

　　在大气边界层中，平均风速随高度发生变化，其变化规律称风剪切或风速廓线，风速廓线可采用对数律分布或指数律分布。

　　在近地层中，风速随高度有显著的变化，造成风在近地层中垂直变化的原因有动力因素和热力因素，前者主要来源于地面的摩擦效应，即地面的粗糙度；后者主要表现为与近地层大气垂直稳定度的关系。当大气层结为中性时，紊流完全依靠动力原因发展，这时风速随高度的变化服从普朗特（Prandtl）经验公式：

$$v = \frac{v^*}{\kappa} \ln\left(\frac{z}{z_0}\right) \tag{2.2}$$

$$v^* = \sqrt{\tau_0/\rho} \tag{2.3}$$

式中　v——离地面高度 z 处的平均风速，m/s；

　　　κ——卡门常数，其值为 0.4 左右；

　　　v^*——摩擦速度，m/s；

　　　ρ——空气密度，kg/m³，一般取 1.225kg/m³；

　　　τ_0——地面剪切应力，N/m²；

　　　z_0——粗糙度参数，m。

用指数分布计算风速廓线时比较简便，因此，目前多数国家采用经验的指数律分布来描述近地层中平均风速随高度的变化，风速廓线的指数律分布可表示为：

$$v = v_1 \left(\frac{z}{z_1} \right)^\alpha \tag{2.4}$$

式中　v——离地高度 z 处的平均风速，m/s；

　　　v_1——离地参考高度 z_1 处的平均风速，m/s；

　　　α——风速廓线指数，其值大小反映风速随高度增加的快慢。

α 值大表示风速随高度增加得快，即风速梯度大；反之则风速梯度小。α 值的变化与地面粗糙度有关，地面粗糙度是随地面的粗糙程度变化的常数，在不同的地面粗糙度下风速随高度变化差异很大。粗糙的地面比光滑的地面到达梯度风的高度要高，所以粗糙的地面层的风速比光滑地面的风速小。在我国建筑结构载荷规范中将地面粗糙度分为 A、B、C、D 四类：A 类指近海海面、海岛、海岸、湖岸及沙漠地区，取 $\alpha=0.12$；B 类指田野、乡村、丛林、丘陵以及房屋比较稀的中小镇和大城市郊区，取 $\alpha=0.16$；C 类指密集建筑物群的城市市区，取 $\alpha=0.20$；D 类指有密集建筑群且建筑面较高的城市市区，取 $\alpha=0.30$。

（3）风玫瑰图

为表征风向、风速和风频等风的特征参数，通常使用风玫瑰图。风玫瑰图分为风向玫瑰图和风速玫瑰图两种。

风向玫瑰图表示风向和风向频率。风向频率指在一定时间内各种风向出现的次数占所有观察次数的百分比，简称风频。根据各方向风的出现频率，以相应的比例长度，即坐标系中的半径表示，其风向是指从外部吹向中心的方向，描在用 8 个或 16 个方位所表示的极坐标图上。当将各个相邻方向的端点用直线连接起来，可绘成外形酷似玫瑰形状的图形，即风向玫瑰图。

若将各个方向上表示风频的线段，按风速数值（或风速数值百分比）绘制成不同颜色（或者粗细）的分线段，即表示出各风向的平均风速，此类统计图称为风速频率玫瑰图。

一般地，风速频率玫瑰图可包含风向、风速和风频三个要素（图 2.3）。

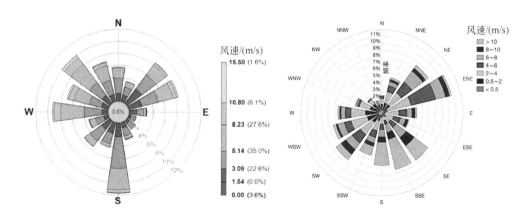

图 2.3　典型的风速频率玫瑰图

除此之外还有风能玫瑰图。它将风速玫瑰图中各射线长度分别表示为某一方向上风向频率与相应风向平均风速立方值的乘积。根据风能玫瑰图能看出哪个方向上的风具有能量优势，为风能利用提供依据。

2.1.1.2　风能及风能密度

（1）空气密度

空气密度的大小直接关系到风能的多少，特别是在海拔高的地区，影响更突出。空气密度 ρ 是气压、气温和湿度的函数，其计算式为：

$$\rho = \frac{1.276}{1+0.00366T} \times \frac{p-0.378e}{1000} \tag{2.5}$$

式中　p——气压，hPa（1hPa＝100Pa）；

T——气温，℃；

e——水蒸气压，hPa。

近似计算时，空气密度也可用理想气体状态方程 $\rho = p/(RT)$ 求得。

（2）风速的统计特性

由于风的随机性很大，因此在判断一个地方的风况时，必须依靠各地区风的统计特性。在风能利用中，反映风的统计特性的一个重要形式是风速的频率分布。长期观察的结果表明，年度风速频率分布曲线最有代表性。为此，应该具有风速的连续记录，并且资料的长度至少有 3 年以上的观测记录，一般要求能达到 5～10 年。

风速的频率分布一般均为正偏态分布。一般来说，风力越大的地区，分布曲线越平缓，峰值降低右移。这说明风力大的地区，大风速所占比例也多。

威布尔分布双参数曲线被普遍认为适用于风速统计描述的概率密度函数。威布尔分布是一种单峰的、两参数的分布函数。其概率密度函数可表达为：

$$P(x) = \frac{k}{c}\left(\frac{x}{c}\right)^{k-1} \exp\left[-\left(\frac{x}{c}\right)^{k}\right] \tag{2.6}$$

相应地，其累积分布函数即为式（2.6）的积分形式：

$$F(x) = 1 - \exp\left[-\left(\frac{x}{c}\right)^{k}\right] \tag{2.7}$$

式中　k——威布尔分布的形状参数；

c——威布尔分布的尺度参数。

形状参数 k 的改变对分布曲线形式有很大影响：当 $0 < k < 1$ 时，分布的众数为 0，分布密度为 x 的减函数；当 $k=1$ 时，分布呈指数型，称为标准威布尔分布；$k=2$ 时，便成为瑞利分布；$k=3.5$ 时，威布尔分布实际已很接近正态分布了。

（3）风能密度

风能是指风所具有的动能。风能密度是指单位时间内通过单位面积上风的动能。单位时间内风的动能为：

$$E_k = \frac{1}{2}mv^2 \tag{2.8}$$

其中，单位时间风的质量流量为：

$$m = \rho A v \tag{2.9}$$

则根据风能密度定义：

$$W = \frac{E_k}{A} \tag{2.10}$$

代入可得风能密度表达式为：

$$W = \frac{1}{2}\rho v^3 \tag{2.11}$$

式中 E_k——单位时间内风的动能，J/s 或 W；

     m——单位时间内风的质量流量，kg/s；

     v——风速，kg/s；

     ρ——空气密度，kg/m^3；

     A——面积，m^2；

     W——风能密度，W/m^2。

表征一个地点的风能资源潜力，通常使用平均风能密度进行评估。平均风能密度为：

$$\overline{W} = \frac{1}{T}\int_0^T \frac{1}{2}\rho v^3 \, \mathrm{d}t \tag{2.12}$$

式中 $\overline{W}$——平均风能密度，W/m^2；

     T——总时间，s。

在实际应用时，常用下式来计算某地年（月）平均风能密度：

$$\overline{W} = \frac{W_1 t_1 + W_2 t_2 + \cdots + W_n t_n}{t_1 + t_2 + \cdots + t_n} \tag{2.13}$$

式中 $W_1, W_2, \cdots, W_n$——各等级风速下的风能密度，W/m^2；

     $t_1, t_2, \cdots, t_n$——各等级风速在每年（月）出现的时间，s 或 h。

2.1.2 风能特点

风能具有以下基本特点：

① 资源丰富、分布广泛、蕴藏量大。风能是太阳能的一种转换形式，是取之不尽、用之不竭的可再生能源。

② 清洁性。在风能转换为电能的过程中，不产生任何有害气体和废料，不污染环境。

③ 可再生性。风能是靠空气的流动而产生的，这种能源依赖于太阳的存在。只要太阳存在，就可不断地、有规律地形成气流，周而复始地产生风能，可永续利用。

④ 就地取材、无需运输。在边远地区如高原、山区、岛屿、草原等地区，由于缺乏煤、石油和天然气等资源，给生活在这一地区的人民群众带来诸多不便，而且由于地

处偏远、交通不便，即使从外界运输燃料也十分困难。因此，利用风能发电可就地取材、无需运输，具有很大的优越性。

⑤ 适应性强、发展潜力大。我国可利用的风力资源区域占全国国土面积的 76％，在我国发展小型风力发电，潜力巨大、前景广阔。

同时，风能也具有以下缺点：

① 能流密度低。由于风能来源于空气的流动，而空气的密度很小，因此风力的能量密度很小，只有水力能量密度的 1/816。

② 不稳定性。由于气流瞬息万变，风时有时无、时大时小，随日、月、季、年的变化都十分明显。

③ 区域差异大。由于地形变化，地理纬度不同，因此风力的地区差异很大。两个近邻区域，由于地形的不同，其风力可能相差几倍甚至几十倍。

一般地，风能资源的利用有其局限性，例如：年平均风速小于 2m/s 的地区潜能很低，至少目前没有什么利用价值；年平均风速在 2～4m/s 的地区是风能可利用区，在这一区域内，年平均风速在 3～4m/s 的地区，风能利用价值较高，有一定的前景，但从总体考虑，该地区的风力资源仍是不高；年平均风速在 4～4.5m/s 的地区基本相当于风能较丰富区；年平均风速大于 4.5m/s 的地区，属于风能丰富区。

通常，把风速 3～20m/s 的风作为一种能量资源加以开发，用来做功（如发电），差不多相当于风力 3～9 级，把这一范围的风称为有效风能或风能资源。

2.1.3　我国风能资源分布及风能区划

2.1.3.1　我国风能资源分布

根据全国有效风能密度、有效风力出现时间百分率，以及大于等于 3m/s 和 6m/s 风速的全年累积时间（以 h 计），将我国风能资源划分为如下几个区域。

（1）东南沿海及其岛屿，为我国最大风能资源区

这一地区，有效风能密度大于等于 200W/m² 的等值线平行于海岸线，沿海岛屿的风能密度在 300W/m² 以上，有效风力出现时间百分率达 80％～90％，大于等于 8m/s 的风速全年累积时间为 7000～8000h，大于等于 6m/s 的风速也有 4000h 左右。但从这一地区向内陆，则丘陵连绵，冬半年强大冷空气南下，很难长驱直下，夏半年台风在离海岸 50km 时风速便减小到 68％。所以，东南沿海仅在由海岸向内陆几十公里的地方有较大的风能，再向内陆则风能锐减。在不到 100km 的地带，风能密度降至 50W/m² 以下，反而为全国风能最小区。但在福建的台山、平潭和浙江的南麂、大陈、嵊泗等沿海岛屿上，风能都很大。其中台山风能密度为 534.4W/m²，有效风力出现时间百分率为 90％，大于等于 3m/s 的风速全年累积时间为 7905h。换言之，台山平均每天大于等于 3m/s 风速的累积时间有 21.3h，是我国平地上有记录的风能资源最大的地方之一。

（2）内蒙古和甘肃北部，为我国次大风能资源区

这一地区终年在西风带控制之下，而且又是冷空气入侵首当其冲的地方，风能密度

为 200～300W/m²，有效风力出现时间百分率为 70％左右，大于等于 3m/s 的风速全年累积时间有 5000h 以上，大于等于 6m/s 的风速累积时间在 2000h 以上，从北向南逐渐减少，但不像东南沿海梯度那么大。风能资源最大的内蒙古虎勒盖尔地区，大于等于 3m/s 和大于等于 6m/s 的风速全年累积时间分别可达 7659h 和 4095h。这一地区的风能密度虽较东南沿海为小，但其分布范围较广，是我国连成一片的最大风能资源区。

（3）黑龙江和吉林东部以及辽东半岛沿海，风能也较大

这一地区，风能密度在 200W/m² 以上，大于等于 3m/s 和 6m/s 的风速全年累积时间分别为 5000～7000h 和 3000h。

（4）青藏高原、三北地区的北部和沿海，为风能较大区

这一地区［除去上述（1）～（3）所述范围］，风能密度在 150～200W/m² 之间，大于等于 3m/s 的风速全年累积时间为 4000～5000h，大于等于 6m/s 风速全年累积时间为 3000h 以上。青藏高原大于等于 3m/s 的风速全年累积时间可达 6500h，但由于青藏高原海拔高，空气密度较小，所以风能密度相对较小，在 4000m 的高度空气密度约为地面的 67％。也就是说，同样是 8m/s 的风速，在平地风能密度为 313.6W/m²，而在 4000m 的高度风能密度却只有 209.3W/m²。所以，如果仅按大于等于 3m/s 和大于等于 6m/s 的风速的出现时间计算，青藏高原应属于最大区，而实际上这里的风能却远较东南沿海岛屿小。从三北地区北部到沿海，几乎连成一片，包围着我国大陆。大陆上的风能可利用区也基本上同这一地区的界线一致。

（5）云贵川，甘肃、陕西南部，河南、湖南西部，福建、广东、广西的山区，以及塔里木盆地，为我国最小风能区

这一地区，有效风能密度在 50W/m² 以下，可利用的风力仅有 20％左右，大于等于 3m/s 的风速全年累积时间在 2000h 以下，大于等于 6m/s 的风速全年累积时间在 150h 以下。在这一地区中，尤以四川盆地和西双版纳地区风能最小，这里全年静风频率在 60％以上，如绵阳为 67％、巴中为 60％、阿坝为 67％、恩施为 75％、德格为 63％、耿马孟定为 72％、景洪为 79％。大于等于 3m/s 的风速全年累积时间仅有 300h，大于等于 6m/s 的风速全年累积仅有 20h。所以，这一地区除高山顶和峡谷等特殊地形外，风能潜力很低，无利用价值。

（6）除上述（4）和（5）地区以外的广大地区，为风能季节利用区

这一地区，有的在冬、春季可以利用风能，有的在夏、秋季可以利用风能，风能密度在 50～100W/m² 之间，可利用风力为 30％～40％，大于等于 3m/s 的风速全年累积时间在 2000～4000h，大于等于 6m/s 的风速全年累积时间在 1000h 左右。

总体而言，我国风能资源丰富和较丰富的地区主要分布在两个地带：陆上的三北和青藏高原等部分地区的地带，以及沿海及其附近岛屿带。这些地区每年风速在 3m/s 以上的时间有 4000h 左右，一些地区年平均风速可达 6m/s 以上，具有很大的开发利用价值。

2.1.3.2　我国风能区划指标体系

根据国家气象局关于我国风能区划的划分方案，我国风能区划采用三级区划指标体系。

① 第一级区划指标，主要考虑有效风能密度的大小和全年有效累积时间（以 h 计）。将年平均有效风能密度大于 $200W/m^2$、$3\sim20m/s$ 风速的全年累积时间大于 5000h 的划为风能丰富区，用"Ⅰ"表示；将有效风能密度为 $150\sim200W/m^2$、$3\sim20m/s$ 风速的全年累积时间在 $3000\sim5000h$ 的划为风能较丰富区，用"Ⅱ"表示；将有效风能密度为 $50\sim150W/m^2$、$3\sim20m/s$ 风速的全年累积时间在 $2000\sim3000h$ 的划为风能可利用区，用"Ⅲ"表示；将有效风能密度为 $50W/m^2$ 以下、$3\sim20m/s$ 风速的全年累积时间在 2000h 以下的划为风能贫乏区，用"Ⅳ"表示，如图 2.4 所示。在代表这四个区的罗马数字后面的英文字母，表示各个地理区域。

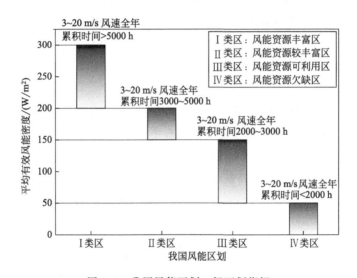

图 2.4　我国风能区划一级区划指标

② 第二级区划指标，主要考虑一年四季中各季风能密度和有效风力出现时间的分配情况。利用 $1961\sim1970$ 年间每日 4 次定时观测的风速资料，先将 483 个站风速大于等于 3m/s 的有效风速时间点连成年变化曲线。然后，将变化趋势一致的归在一起，作为一个区，再将各季有效风速累积时间相加，按大小次序排列。这里，分别以 1、2、3、4 表示春季（$3\sim5$ 月）、夏季（$6\sim8$ 月）、秋季（$9\sim11$ 月）、冬季（12 月～次年 2 月）。如果春季有效风速（包括有效风能）出现时间最长，冬季次多，则用"14"表示；如果秋季最多，夏季次多，则用"32"表示；其余依此类推。

③ 第三级区划指标，风力机最大设计风速一般取当地最大风速。在此风速下，要求风力机能抵抗垂直于风的平面上所受到的压强。使风机保持稳定、安全，不致产生倾斜或被破坏。由于风力机寿命一般为 $20\sim30$ 年，为了安全，取 30 年一遇的最大风速值作为最大设计风速。根据我国建筑结构规范的规定，"以一般空旷平坦地面、离地 10m 高、30 年一遇、自记 10min 平均最大风速"作为进行计算的标准，计算了全国 700 多

个气象台、站30年一遇的最大风速。按照风速，将全国划分为4级，分别以字母a、b、c、d表示：风速在35~40m/s以上（瞬时风速为50~60m/s），为特强最大设计风速，称特强压型，表示为a；风速30~35m/s（瞬时风速为40~50m/s），为强设计风速，称强压型，表示为b；风速25~30m/s（瞬时风速为30~40m/s），为中等最大设计风速，称中压型，表示为c；风速25m/s以下，为弱最大设计风速，称弱压型，表示为d。

根据上述原则，可将全国风能资源划分为4个大区、30个小区。各区的地理位置如下：

① Ⅰ类区：风能丰富区。ⅠA34a：东南沿海及台湾岛屿和南海群岛秋冬特强压型。ⅠA21b：海南岛南部夏春强压型。ⅠA14b：山东、辽东沿海春冬强压型。ⅠB12b：内蒙古北部西端和锡林郭勒盟春夏强压型。ⅠB14b：内蒙古阴山到大兴安岭以北春冬强压型。ⅠC13b-c：松花江下游春秋强中压型。

② Ⅱ类区：风能较丰富区。ⅡD34b：东南沿海（离海岸20~50km）秋冬强压型。ⅡD14a：海南岛东部春冬特强压型。ⅡD14b：渤海沿海春冬强压型。ⅡD34a：台湾东部秋冬特强压型。ⅡE13b：东北平原春秋强压型。ⅡE14b：内蒙古南部春冬强压型。ⅡE12b：河西走廊及其邻近春夏强压型。ⅡE21b：新疆北部夏春强压型。ⅡF12b：青藏高原春夏强压型。

③ Ⅲ类区：风能可利用区。ⅢG43b：福建沿海（离海岸50~100km）和广东沿海冬秋强压型。ⅢG14a：广西沿海及雷州半岛春冬特强压型。ⅢH13b：大小兴安岭山地春秋强压型。ⅢI12c：辽河流域和苏北春夏中压型。ⅢI14c：黄河、长江中下游春冬中压型。ⅢI31c：湖南、湖北和江西秋春中压型。ⅢI12c：西北五省的一部分以及青藏高原的东部和南部春夏中压型。ⅢI14c：川西南和云贵的北部春冬中压型。

④ Ⅳ类区：风能贫乏区。ⅣJ12d：四川、甘南、陕西、鄂西、湘西和贵北春夏弱压型。ⅣJ14d：南岭山地以北冬春弱压型。ⅣJ43d：南岭山地以南冬秋弱压型。ⅣJ14d：云贵南部春冬弱压型。ⅣK14d：雅鲁藏布江河谷春冬弱压型。ⅣK12c：昌都地区春夏中压型。ⅣL12c：塔里木盆地西部春夏中压型。

2.2 风能发电基本原理

2.2.1 升力和阻力

升力和阻力是作用于运动叶片上的空气动力，空气动力计算分析是整个风力发电机的设计基础。

设叶片处于静止状态，令空气以相同的相对速度吹向叶片时，作用在叶片上的气动力将不改变大小。空气动力只取决于相对速度和迎角的大小。为了便于研究，均假定叶片静止处于均匀来流速度中。此时作用在翼型表面上的空气压力是均匀的，上表面压力减小、下表面压力增大。按照伯努利原理，叶片上表面气流速度较高，下表面气流速度较低。因此围绕叶片的流动可看成出两个不同的流动组合而成：一个是将翼型置于均匀流场中时围绕叶片的零升力流动；另一个是空气环绕叶片表面的流动。

依据叶素理论，作用在叶片翼型上的空气动力过程为：风以速度 v 吹到叶片上，叶片受到空气动力 F 开始转动。空气的总动力 F 为：

$$F = \frac{1}{2}\rho C_r S_y v^2 \tag{2.14}$$

式中　　ρ——空气密度，kg/m^3；

　　　　C_r——空气动力系数；

　　　　S_y——叶片面积，m^2。

如图 2.5 所示，总动力 F 分解为相对风速方向的一个力 F_D，称为阻力；另一个垂直于 F_D 的力，称为升力 F_L，就是在风速 v 吹在叶片上时使静止叶片转动的力，表达式为：

$$F_D = \frac{1}{2}\rho C_D S_y v^2 \tag{2.15}$$

$$F_L = \frac{1}{2}\rho C_L S_y v^2 \tag{2.16}$$

式中　　C_D——阻力系数；

　　　　C_L——升力系数。

上述两个分力互相垂直，可写成：

$$F^2 = F_D^2 + F_L^2 \tag{2.17}$$

因此，

$$C_r^2 = C_D^2 + C_L^2 \tag{2.18}$$

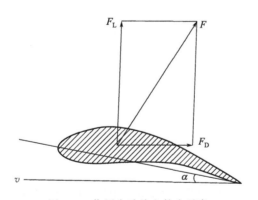

图 2.5　作用在叶片上的力示意

对于迎角的各个值，翼型中对应的有一个特殊点 C，空气动力对该点的力矩为零，将该点称为压力中心点。空气动力在翼型剖面上产生的影响可由单独作用于该点的升力和阻力来表示。压力中心点 C 与前缘的距离 X_c 由以下比值决定：

$$X_c = \frac{AB}{AC} = \frac{C_m}{C_L} \tag{2.19}$$

式中　　C_m——变距力矩系数。

令 M 为相对前缘点的由 F 力引起的力矩，则有：

$$M = \frac{1}{2}\rho C_m S_y l v^2 \qquad\qquad (2.20)$$

式中　l——弦长，m。

升力随迎角 α 的增加而增大，阻力随迎角 α 的增加而减小。当迎角增加到某一临界值 α_{cr} 时，升力突然减小而阻力急剧增大，此时风轮叶片突然丧失支承力，这种现象称为失速。

图 2.6 是升力系数 C_L 和阻力系数 C_D 随迎角 α 的变化曲线。对不同翼型的叶片升力系数和阻力系数都有对应的一个最小值，而后随迎角的增加而增大。

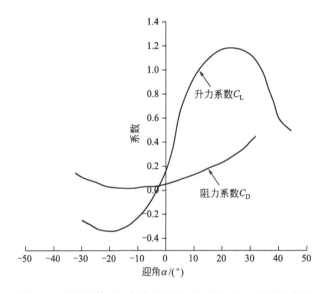

图 2.6　升力系数 C_L 和阻力系数 C_D 随迎角 α 的变化曲线

2.2.2　风力机性能影响因素

（1）叶片数量

一般来讲，风轮的叶片数取决于风轮的尖速比。表 2.2 是不同尖速比对应的叶片数目及风机类型。

表 2.2　不同尖速比对应的叶片数目及风机类型

尖速比	叶片数目	风机类型
1	6～20	低速
2	4～12	
3	3～8	中速
4	3～5	
5～8	2～4	高速
8～15	1～2	

（2）叶片长度

在风轮叶片设计中除要确定风轮直径 D 和半径 R 外，还需要确定叶片的实际长度。叶片长度的确定和系统所选用的轮毂有关。不同结构的轮毂，叶片安装的位置和方法也不同。

（3）叶片安装角

叶片安装角为叶根所在位置处翼型几何弦与叶片旋转平面所夹的角度。

（4）迎角

也称攻角，对于翼型来说，定义为翼弦与相对风速方向之间的夹角，抬头为正，低头为负，常用符号 α 表示。不同的翼型，其升力系数和升阻比随攻角的变化情况是不一样的。而同一攻角，大弯度翼型对应升力系数较大。在一定攻角范围内，翼型升力系数随攻角的增大而增大，在叶片设计中常常利用这种变化情况，选择适当的翼型和最佳攻角，使风轮叶片在运行时的升阻比达到最大。但是当攻角达到某一值时，升力系数急剧下降，进入失速状态。对于定桨距型叶片来讲，还要利用叶片的失速现象控制机组的功率输出。

（5）尖速比

风轮叶片尖端的线速度与额定风速之比称为尖速比，对于不同种类的风力发电机及叶片类型可以设计不同的尖速比。低转速风力提水机的尖速比最低，在 1～2 之间；小型风力发电机的尖速比取 3～5；而大型风力发电机的尖速比较高，一般为 5～15；尤其是扭转翼型对应的升阻比也很高，所以现在大型风力发电机都采用具有扭角的叶片，尖速比设计为 2～10，以获得较高的升阻比和风能利用系数。

（6）翼型

翼型是叶片的气动性能，直接与翼型外形有关，在风轮叶片取一翼型截面叶素如图 2.7 所示。翼型外形通常由图 2.7 中所示的几何参数决定。

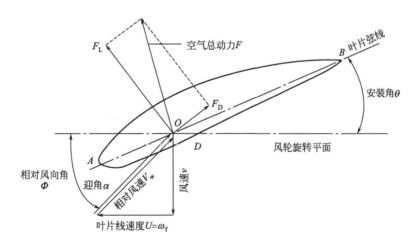

图 2.7　翼型几何参数及受力分析

目前，风力发电机风轮叶片使用的翼型主要有两类：一类是低速航空翼型；另一类是风电机专用翼型。

最具代表性的低速航空翼型是 NACA 翼型，最初由美国国家宇航局的前身国家航空咨询委员会提出。NACA 翼型由基本厚度翼型和中弧线叠加而成，常用的有四位数系列、五位数系列和层流型系列翼型。NREL 系列翼型由美国国家可再生能源实验室研制，包括薄翼型族和厚翼型族，分别用于中型桨叶和大型桨叶。SERI 系列翼型是 NREL 针对各种直径的风力机风轮设计的，该系列翼型具有较高的升阻比和较大的最大升力系数，失速时对翼型表面的粗糙度敏感性低。

选择翼型应考虑升阻比高、失速平缓、压力中心随迎角变化小、翼型相对厚度满足结构设计和受力要求、工艺性好等技术经济指标。此外，翼型也与展弦比和实度有关。

(7) 雷诺数

由于各种翼型在不同雷诺数下，它们的升阻关系曲线是不同的，因此就需要计算出风轮在风场中运转时的雷诺数。雷诺数是表征流体惯性力和黏性力相对大小的一个无量纲相似参数，这一参数可以反映出叶片在风场中旋转时，周围气流对叶片翼型气动性能的影响。

计算雷诺数时需要有风场密度，根据实际测量或者按照前面给出计算密度的方法可以得到当地风场空气密度，再用下式求得风力发电机组在这个风场中运转时的雷诺数：

$$Re = \frac{\rho D v}{\mu} \tag{2.21}$$

式中　Re——雷诺数；

　　　ρ——空气密度，kg/m^3；

　　　D——特征尺寸，此处为风轮直径，m；

　　　v——风速，m/s。

2.2.3 风轮功率及系统效率

(1) 风轮功率

当一定流速的风吹向风轮使其转动，则单位时间流向风轮空气所具有的动能（即功率）为：

$$P_0 = \frac{1}{2}mv^2 = \frac{1}{2}\rho Av \times v^2 = \frac{1}{2}\rho v^3 A \tag{2.22}$$

式中　P_0——单位时间流向风轮空气所具有的动能（即功率），W；

　　　m——空气质量，kg；

　　　v——风速，m/s；

　　　ρ——空气密度，kg/m^3；

　　　A——风轮掠过面积，m^2。

若风轮直径为 D，则 $A = \frac{1}{4}\pi D^2$，代入得：

$$P_0 = \frac{1}{8}\pi\rho v^3 D^2 \qquad (2.23)$$

这些风能不可能全被风轮捕获而转换成机械能，设由风轮机接受的风的动能（即风轮功率）与通过风轮扫掠面积的风所具有的动能（即风的功率）之比称为风能利用系数，即：

$$C_P = \frac{P}{P_0} \qquad (2.24)$$

则有：

$$P = C_P P_0 = \frac{1}{8}\pi\rho v^3 D^2 C_P \qquad (2.25)$$

式中　C_P——风能利用系数；

　　　P——风轮机接受的风的动能（即风轮功率），W；

　　　P_0——风所具有的动能（即风的功率），W。

C_P 值为 $0.2 \sim 0.5$。根据 Betz 定律，理想情况下风能所能转换成动能的极限比值为 $16/27$，约为 0.593。这一理论决定了风力发电机叶轮的能量转化效率上限，即 C_P 最大值为 0.593。

由上式可知：

① 风轮功率与风轮直径的平方成正比；

② 风轮功率与风速的立方成正比；

③ 风轮功率与风轮的叶片数目无直接关系；

④ 风轮功率与风能利用系数成正比。

（2）系统效率

若风能原始功率为 P_0，经风轮机后输出的风轮功率为 P，此功率再经传动装置、做功装置（如发电机、水泵等）而最终得到的有效功率为 P_e，则风力机的系统效率即总体效率为：

$$\eta = \frac{P_e}{P_0} = \frac{P}{P_0}\eta_1\eta_2 = C_P\eta_1\eta_2 \qquad (2.26)$$

式中　η——总效率；

　　　P_0——风能原始功率，W；

　　　P——经风轮机后输出的风轮功率，W；

　　　P_e——最终得到的有效功率，W；

　　　η_1——机械传动系统效率；

　　　η_2——总发电做功装置效率。

2.3　风电系统构成

风力发电机的结构形式很多，但其原理和结构总的来说大同小异（图 2.8）。此处主要介绍目前使用最为广泛的水平轴风力机。水平轴风力机主要由风轮、增速器、联轴器、制动器、发电机、塔架、调速装置、调向装置及齿轮箱等部分组成。风力发电机的结构如图 2.9 所示。

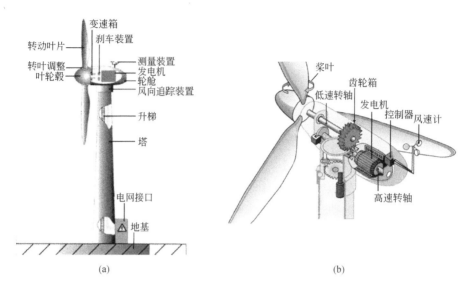

(a)　　　　　　　　　　　　　　　　(b)

图 2.8　风力机外形与内部结构

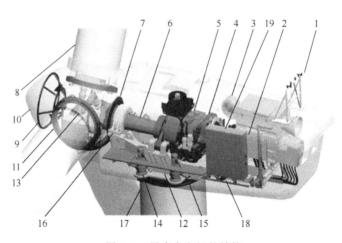

图 2.9　风力发电机的结构

1—维护吊车；2—发电机；3—冷却系统；4—机舱控制器；5—齿轮箱；6—主轴；7—风轮锁定系统；
8—叶片；9—轮毂；10—导流罩；11—叶片轴承；12—机座；13—液压系统；14—齿轮箱垫簧；
15—偏航盘；16—刹车盘；17—塔架；18—偏航齿轮；19—万向轴（高速轴）

（1）风轮

叶片安装在轮毂上称作风轮，它包括叶片、轮毂等。风轮是风力发电机接受风能的部件。现代风力发电机的叶片数常为 1～4 枚，常用的是 2 枚或 3 枚。由于叶片是风力发电机接受风能的部件，所以叶片的扭曲、翼型的各种参数及叶片结构都直接影响叶片接受风能的效率和叶片的寿命。叶片尖端在风轮转动中所形成圆的直径称风轮直径或叶片直径。

叶片的材料最初主要使用木材、钢材、铝材，目前玻璃纤维和碳纤维是叶片制造中最为重要的材料。每种材料都各自有其使用范围和优势与不足。选用叶片材料时应考虑以下原则：a. 材料应有足够的强度和寿命，疲劳强度要高，静强度要适当；b. 必须有良好的可成型性和可加工性；c. 密度低，硬度适中，重量轻；d. 材料的来源充足，运输方便，成本低。

（2）增速器

由于风轮的转速低而发电机转速高，为匹配发电机，要在低速的风轮轴与高速的发电机轴之间接一个增速器；增速器就是一个使转速提高的变速器。增速器的增速比是发电机额定转数与风轮额定转数的比。

（3）联轴器

增速器与发电机之间用联轴器连接，为了减少占地空间，往往联轴器与制动器设计在一起。风轮轴与增速器之间也有采用联轴器的，称低速联轴器。

（4）制动器

制动器是使风力发电机停止运转的装置，也称刹车。制动器有手动制动器、电磁制动器和液压制动器。当采用电磁制动器时，需有外电源；当采用液压制动器时，除需外电源外，还需泵站、电磁阀、液压油缸及管路等。

（5）发电机

叶片接受风能而转动最终传给发电机，发电机是将风能最终转变成电能的设备。根据风力发电系统是定速还是可变速的形式而采取相应的发电机形式，同时还要考虑经济性、发电量、可靠性以及其他因素。

（6）塔架

塔架是支撑风力发电机的支架。塔架有钢架结构、圆锥形钢管和钢筋混凝土等三种形式。同时塔架又分为硬塔、柔塔、甚柔塔。硬塔的固有频率大于 kn，其中 k 为叶片数，n 为风轮转数；柔塔的固有频率在 kn 和 n 之间；甚柔塔的固有频率小于 n。

（7）调速装置

由于风速是变化的，因此风轮的转速也会随风速的变化而变化。使风轮运转在额定转速下的装置称为调速装置。当风速超过停机风速时，调速装置会使风力发电机停机。调速装置只在额定风速以上时调速。

（8）调向装置

调向装置就是使风轮正常运转时一直使风轮对准风向的装置。

（9）齿轮箱

齿轮箱是传统并网风力机最重要的部件之一，其工作环境恶劣，价格昂贵，生产和修理周期长，保持其良好的状态对风电机的稳定运行意义重大。作为风力机重大部件之一的齿轮箱，不同的机型更换方法不同。有的机型需要将叶轮拆下，有的则不需要，但无论哪种方式都需要一定的更换周期。一般应及时检查齿轮箱的工作情况，尽量避免或者减少齿轮箱的损坏,最大可能地减少损失。

2.4 风电运行方式

风力发电通常有独立运行、组合运行和并网运行三种方式。

① 独立运行:它用蓄电池蓄能,以保证无风时的用电。通常适用于小型风力发电系统。

② 组合运行:也称互补运行,指风力发电与其他发电方式相结合(如柴油机发电)的运行方式。通常适用于中小型风力发电系统。

③ 并网运行:风力发电并入常规电网运行,向大电网提供电力,常常是一处风场安装几十台甚至上百台风力发电机。通常适用于大型风力发电系统,是规模化风力发电的主要发展方向。

对于并网运行,最主要的方式是恒速恒频方式和变速恒频方式,后者是主要发展方向。变速恒频方式即风力发电机组的转速随风速的波动做变速运行但仍然输出恒定频率的交流电,这种方式可提高风能的利用率,因此成为追求的目标之一。

变速恒频风力发电机采用交流励磁双馈型发电机,结构类似绕线型感应电机,只是转子绕组上加有滑环和电刷,转子的转速与励磁的频率有关,使得双馈型发电机的内部电磁关系既不同于异步发电机又不同于同步发电机,但它却具有异步机和同步机的某些特性。交流励磁双馈变速恒频风力发电机不仅可以通过控制交流励磁的幅值、相位、频率来实现变速恒频,还可以实现有功、无功功率控制,对电网而言还能起无功补偿的作用。

交流励磁变速恒频双馈发电机系统有如下优点:a.允许原动机在一定范围内变速运行,简化了调整装置,减少了调速时的机械应力;b.使机组控制更加灵活、方便,提高了机组运行效率;c.需要变频控制的功率仅是电机额定容量的一部分,使变频装置体积减小,成本降低,投资减少;d.调节励磁电流幅值,可调节发出的无功功率,调节励磁电流相位,可调节发出的有功功率;e.应用矢量控制可实现有功、无功功率的独立调节等。

2.5 风电机组设计

2.5.1 风力机主要技术参数

风力发电机的整体设计包括风轮、齿轮箱、发电机、调速装置、调向装置、塔架及控制系统的设计等。其中风力机的设计涉及气动力学、结构力学、材料力学等学科。下述给出确定风力发电机组输出功率时涉及的主要参数。

(1)额定功率

额定输出功率是指在正常运行状态下从功率曲线得到的风轮轴的最大连续机械功率,达到这一功率时发电机就产生其额定的电输出,称为机组额定输出功率,简称额定功率。

（2）额定风速

额定风速是指达到风力发电机组产生额定输出功率时的风速。

（3）风能利用系数

风能利用系数即风轮所接受的风的动能与通过风轮扫掠面积的全部风的动能的比值。

（4）空气密度

风场所在环境的空气密度对风力发电机的性能也有很大影响，而风速、温度、湿度、大气压等因素又直接影响着空气密度。

（5）风轮直径

风轮直径和风力发电机额定功率成正比，和风速的 3/2 次方成反比。因此大功率的风力发电机的风轮半径一般较大，相同功率下低风速型风力发电机风轮直径较大。

此外，还包括叶片数量、（最佳）叶尖速比、实度等技术参数，以及结构的几何参数和强度参数等。

2.5.2　风力机主要参数设计方法

风轮机的工程简易设计通常是确定风轮机的关键技术参数和设计方法，包括：

（1）风轮机功率 P

$$P = \frac{1}{2}\pi\rho v^3 R^2 C_P \quad 或 \quad P = \frac{1}{8}\pi\rho v^3 D^2 C_P \tag{2.27}$$

（2）风轮半径 R 或直径 D（$D = 2R$）

$$R = \sqrt{\frac{2P}{\rho\pi v^3 C_P}} \quad 或 \quad D = \sqrt{\frac{8P}{\rho\pi v^3 C_P}} \tag{2.28}$$

（3）叶尖速比 λ

$$\lambda = \frac{u}{v} = \frac{\pi R n}{30 v} \quad 或 \quad \lambda = \frac{u}{v} = \frac{\pi D n}{60 v} \tag{2.29}$$

（4）风轮机转速 n

$$n = \frac{30 v \lambda}{\pi R} \quad 或 \quad n = \frac{60 v \lambda}{\pi D} \tag{2.30}$$

式中　P——风轮机功率，W；

　　　　ρ——空气密度，kg/m^3，不同海拔高度的空气密度可根据相关手册选用；

　　　　v——风速，m/s；

　　　　R——风轮半径，$R = D/2$，m；

　　　　D——风轮直径，$D = 2R$，m；

　　　　C_P——风能利用系数；

　　　　u——风轮叶尖切向速度，m/s；

n——风轮转速，r/min；

λ——叶尖速比，与风能利用系数有关，其关系可根据相关风轮机高速特性曲线查得。

典型的风轮机高速特性曲线如图 2.10 所示。

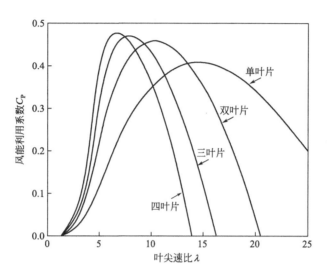

图 2.10　典型的风轮机高速特性曲线

【例 2.1】　设计一台 1500kW 的风轮机。已知设计风速为 10m/s，风场的平均空气密度为 $1.2 kg/m^3$。选择三叶片式风轮机，风轮机的高速特性曲线已知，标准高速特性数（叶尖速比）为 $\lambda = 5.8$，风能利用系数为 $C_P = 0.44$。求解设计风轮直径和额定转速。

解：风轮半径为：

$$R = \sqrt{\frac{2P}{\rho \pi v^3 C_P}} = \sqrt{\frac{2 \times 1500 \times 10^3}{1.2 \times \pi \times 10^3 \times 0.44}} \approx 42.5(m)$$

风轮直径为：

$$D = 2R = 85(m)$$

风轮额定转速：

$$n = \frac{30v\lambda}{\pi R} = \frac{30 \times 10 \times 5.8}{\pi \times 42.5} = 13(r/min)$$

【例 2.2】　系列风轮机工程设计

(1) 1500kW 级风轮直径及转速设计及优化

① 设计一台 1500kW 的风轮机。已知设计风速为 13m/s，风场风密度取 $\rho = 1.21 kg/m^3$。

按最佳风能利用系数设计，取三叶片。

解：由图查得对应 $\lambda_{opt} = 5.8$ 的风能利用系数 $C_P - 0.44$。

由公式得风轮半径为：

$$R = \sqrt{\frac{2P}{\rho \pi v^3 C_P}} = \sqrt{\frac{2 \times 1500 \times 10^3}{1.21 \times \pi \times 13^3 \times 0.44}} \approx 28.57 (\text{m})$$

风轮直径为：

$$D = 2R = 57.14 \text{m}$$

风轮机转速为：

$$n = \frac{30 v \lambda}{\pi R} = \frac{30 \times 13 \times 5.8}{\pi \times 28.57} \approx 25.2 (\text{r/min})$$

② 已知 S70/1500kW 型风轮机的设计风速为 13m/s，额定功率为 1500kW，转子直径 $D = 70$m，设计转速为 14.8r/min。风场风密度取 $\rho = 1.21$kg/m³。核算高速特性数 $\lambda = 4.17$，风能利用系数 $C_P = 0.29$，小于最佳 $\lambda_{opt} = 5.8$ 和最大风能利用系数 $C_{P_{max}} = 0.44$，风能没有高效利用。

解：根据最佳 $\lambda_{opt} = 5.8$，优化设计改进风轮转速。

风轮机转速为：

$$n = \frac{30 v \lambda_{opt}}{\pi R} = \frac{30 \times 13 \times 5.8}{\pi \times 35} \approx 20.57 (\text{r/min})$$

改进后的风力机功率为：

$$P^* = \frac{1}{2} \rho \pi v^3 R^2 C_P = \frac{1}{2} \times 1.21 \times \pi \times 13^3 \times 35^2 \times 0.44 \approx 2250 (\text{kW})$$

可见同样风速下，改进后的功率是原设计方案的功率的 1.5 倍。

（2）5000kW 级风轮直径及转速设计及优化

① 设计一台 5000kW 风轮机。已知设计风速为 13m/s，风轮机高速特性曲线见图 2.10。风场风密度取 $\rho = 1.21$kg/m³。

解：按最佳风能利用系数设计，取三叶片。

由图查得对应 $\lambda_{opt} = 7.5$ 的风能利用系数 $C_P = 0.43$。则风轮半径为：

$$R = \sqrt{\frac{2P^*}{\rho \pi v^3 C_P}} = \sqrt{\frac{2 \times 5000 \times 1000}{1.21 \times \pi \times 13^3 \times 0.43}} \approx 52.8 (\text{m})$$

则风轮直径为：

$$D = 2R = 105.6 (\text{m})$$

风轮机转速为：

$$n = \frac{30 v \lambda}{\pi R} = \frac{30 \times 13 \times 7.5}{\pi \times 52.8} \approx 17.6 (\text{r/min})$$

② 已知 5000kW 风轮机设计风速为 13m/s，额定功率为 5000kW，转子直径 $D = 126$m，设计转速为 9.5r/min。风场风密度取 $\rho = 1.21$kg/m³。核算高速特性数 $\lambda = 4.82$，风能利用系数 $C_P = 0.302$，小于最佳 $\lambda_{opt} = 7.5$ 和最大风能利用系数 $C_{P_{max}} = 0.43$，风能没有高效利用。

解：根据最佳 $\lambda_{opt} = 7.5$，优化设计改进风轮转速。

风轮机转速为：

$$n = \frac{30 v \lambda_{\text{opt}}}{\pi R} = \frac{30 \times 13 \times 7.5}{\pi \times 63} \approx 14.78 (\text{r/min})$$

改进后的风力机功率为：

$$P^* = \frac{1}{2} \rho \pi v^3 R^2 C_P = \frac{1}{2} \times 1.21 \times \pi \times 13^3 \times 63^2 \times 0.43 \approx 7127 (\text{kW})$$

可见同样风速下，是原设计方案的功率的约 1.43 倍。

2.5.3 风力机关键部件设计要求

风力发电机组设计的目的是在规定外部条件、设计工况和载荷情况下，保证风力发电机组在其设计使用寿命内安全正常地工作。

风力发电机组的设计，包括（正常和极端的）外部条件、设计工况和载荷情况、局部安全系数、结构强度分析、各零部件和系统设计，以及噪声、安装和维修等。其中主要内容为结构设计、控制和保护系统、电气系统、装配和安装、噪声，以及交付使用和维修等。

这里主要介绍风力机关键核心部件的基本设计要求与原则，包括风轮叶片、轮毂、其他机械零部件、机舱及塔架和基础。

2.5.3.1 风轮叶片

风力机叶片设计的基本要求是指在给定的安全等级下，进行叶片的气动设计，确定风轮的总体参数，计算叶片的性能。必要时可在风洞中进行叶片模型试验，以验证风轮叶片设计的正确性。应考虑在规定的设计工况和载荷情况下，通过计算、分析和（或）试验，使其满足静强度、疲劳强度、稳定性及变形要求，以保证风力机在安全使用寿命期内可靠地运转。

（1）叶片设计

在进行风轮叶片气动设计之前，需要确定切入风速、切出风速和风轮直径等主要参数。

风轮直径按下式确定：

$$D = \sqrt{\frac{8 P_r}{C_P \rho v^3 \pi \eta_1 \eta_2}} \tag{2.31}$$

式中　D——风轮直径，m；

$\quad P_r$——风力发电机组额定功率，kW；

$\quad C_P$——风能利用系数；

$\quad v$——额定风速，m/s；

$\quad \eta_1$——机械传动系统效率；

$\quad \eta_2$——发电机效率。

叶尖速比与风轮实度密切相关，风轮实度与叶片数及叶片的平面形状有关。叶尖速比与叶片数目关系见表 2.3，叶尖速比与风轮实度关系曲线见图 2.11。

表 2.3　叶尖速比与叶片数目关系

叶尖速比	1	2	4	4	≥5
叶片数目	8～24	6～12	3～6	2～4	2～3

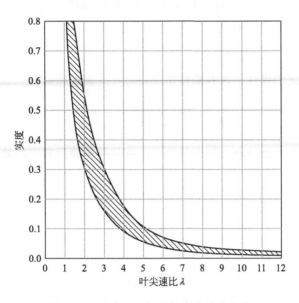

图 2.11　叶尖速比与风轮实度关系曲线

风力机叶片的翼型根据升阻比高、失速平缓、压力中心随迎角变化小、翼型相对厚度满足结构设计和受力要求、工艺性好等原则选择。

风力机叶片外形的设计有多种基本方法，其中图解法是相对简单的一种。利用图解法首先要确定额定风速、额定功率、风轮半径、额定叶尖速比、叶片数目和所用翼型这些参数。其他的方法还包括简化风车设计法、等升力系数法、等弦长法、Glauert 设计法、Wilson 设计法、动量叶素理论设计法、失速设计法、外形修正法以及优化设计法等。读者可参阅相关叶片设计理论进行详细了解。

（2）气动性能参数

在进行风轮叶片的气动设计时，应计算风能利用系数 C_P、扭矩系数 C_m、风轮轴向推力系数 C_t、叶尖速比 λ 和年输出能量 E_y。

$$E_y = 8760 \times \sum_{v_i=1}^{18} f_{v_i}^{\bar{v}} P_{v_i} \tag{2.32}$$

$$f_{v_i}^{\bar{v}} = \frac{\pi}{2}\left(\frac{v_i}{v_y^2}\right)\exp\left[-\frac{\pi}{4}\left(\frac{v_i}{\bar{v}}\right)^2\right] \tag{2.33}$$

式中　E_y——年输出能量，kW·h；

　　　v_i——区间风速增量的中间值，m/s；

　　　P_{v_i}——对应于风速 v_i 的功率，kW；

　　　$f_{v_i}^{\bar{v}}$——风速 v_i 平均出现的频率，%；

$\overline{v}_y$——年平均风速，m/s；

$\overline{v}$——平均风速，m/s。

上述风力发电机组性能参数分别根据风能利用系数 C_P 与叶尖速比 λ 的关系曲线、不同风速 v 的风轮扭矩 M 与风轮转速 n 的关系曲线、输出功率 P 与风速 v 的关系曲线以及年输出能量 E_y 与年平均风速 $\overline{v}_y$ 的关系曲线确定。

（3）设计载荷

应根据相关规定的设计工况和载荷情况进行叶片的静载荷和动载荷计算。作用在叶片上的载荷主要有空气动力、重力、离心力、惯性等。

（4）结构设计

在规定的运行工况及外部环境条件下，叶片的结构满足规定的静强度、疲劳强度和动强度要求。

对材料的要求为：用于叶片制造的材料应遵循《风力发电机组风轮叶片》（JB/T 10194—2000）中的有关规定；所选择的材料性能指标及化学成分应符合现行有效标准或其他有关技术条件要求；材料供应商应提供材料出厂检验合格证。

对于叶片设计应根据叶片承受的外载荷进行叶片的剖面结构设计和叶片的铺层设计。复合材料的叶片剖面结构通常为空腹薄壁结构，根据具体受载情况，分别设置大梁、肋条或在空腹内充填硬质泡沫塑料作为增强材料。有关增强材料、树脂、芯材和铺层的要求详见《风力发电机组风轮叶片》（JB/T 10194—2000）。

对于叶片强度，其中叶片静强度计算应根据规定的设计工况和载荷情况以及要求进行。叶片的疲劳强度评定应根据规定的设计工况和载荷情况编制的适用载荷谱，采用规定的方法进行。叶片的刚度和质量分布，应至少使其挥舞Ⅰ阶和Ⅱ阶固有频率、摆振Ⅰ阶固有频率、扭转Ⅰ阶固有频率与激振频率分开，以避免发生过度振动和（或）共振。

2.5.3.2 轮毂

轮毂是风力机的主要部件，用于安装风轮叶片或叶片组件于风轮轴上。

轮毂可以用球墨铸铁、铸钢或钢板焊接而成。焊接轮毂的焊缝必须经过超声波检查，并考虑由于交变载荷引起的焊缝疲劳。叶片与轮毂必须采用高强度的螺栓连接，并有防止松动的措施。

（1）设计载荷

轮毂的设计载荷应考虑叶片可能承受的最大离心载荷、气动载荷、惯性载荷、重力载荷等，对于焊缝还要考虑风轮的交变应力。

（2）强度计算

必须按叶片可能承受的最大离心载荷和其他载荷对轮毂钢板进行静强度计算，且对其焊缝进行疲劳强度分析，其强度计算方法按有关规定进行选取。

2.5.3.3 其他机械零部件

风力机机械零部件除风轮外，一般还包括齿轮传动装置、偏航系统、轴承、机械刹车装置及锁定装置、联轴器、液压系统等。其设计过程中遵循的设计要求、设计载荷和强度计算按相关国家标准执行。

（1）齿轮传动装置

风力机齿轮传动装置用来连接风轮与发电机，并实现转速的变换与能量的传递，包括低速轴、增速器、轮毂主轴以及联轴器等。为了保证齿轮传动装置能够正常工作，传动系统中还应设有润滑装置和必要的支承。

（2）偏航系统

风力机偏航系统有主动偏航系统和被动偏航系统。主动偏航系统依据风向仪感受的信息由控制系统自动执行偏航，被动偏航系统由人工操作。

偏航系统有齿轮驱动和滑动两种形式。齿轮驱动形式的偏航系统一般由齿圈（带齿的轴承环）、偏航齿轮和驱动电机及摩擦刹车装置（或偏航刹车装置）组成。其作用是保证风轮始终处于迎风状态，使风力机有效地获得风能。

（3）轴承

风力机的轴承主要用于传动轮系、机舱和其他传递功率组件的支承。传动系统一般采用滚柱和普通轴承。

（4）机械刹车装置及锁定装置

风力机的机械刹车装置及锁定装置用来保证风力机在维修或大风期间以及停机后的风轮处于制动状态并锁定，而不致盲目转动。它应设计成当刹车装置作用时，能够保证风轮安全达到静止状态。

（5）联轴器

为了给风力机的传动装置部件间的安装和运转提供角偏差和轴向运动自由度，在传动装置中要求装有联轴器。

（6）液压系统

液压系统主要用于偏航机构、风轮叶片变距等操纵或执行安全系统的功能，如失效状态风轮叶片变距的调整和风轮的刹车等。

2.5.3.4 机舱

风力机机舱包括底部构架、底板、壁板、框架等，它位于风力机的上方，用于支撑塔架上所有设备和附属部件以及保护增速器、传动装置轴系和发电机等主要设备及附属部件免受风沙、雨雪、冰雹以及烟雾等恶劣环境的直接侵害。其设计过程中遵循的设计要求、设计载荷和强度计算按相关国家标准执行。

2.5.3.5 塔架和基础

塔架是支撑机舱及风力机零部件的结构，承受来自风力机各部件的所有载荷，它不仅要有一定的高度，使风力机处于较为理想的位置上运转，而且还应有足够的强度和刚度，以保证在极端风况条件下不会使风力机倾倒。基础是用来固定塔架于地面上的，分加强混凝土基础和预应力混凝土基础两种。

（1）塔架高度的选择

风力机塔架高度的确定要综合考虑技术与经济两方面的因素，并与其安装的具体位置的地形、地貌有关。塔架的高度被限制在一定的范围之内，其最低高度为：

$$H = h + C + R \tag{2.34}$$

式中 h——接近风力机的障碍物高度，m；

$\quad\quad C$——由障碍物最高点到风轮扫掠面最低点的距离，m，最小取 1.5～2.0m；

$\quad\quad R$——风轮半径，m。

（2）塔架的主要形式

大型风力机塔架的主要结构形式一般采用桁架式、锥筒或圆筒（或棱筒）式。下风向布置的风力机多采用桁架式塔架，它由钢管或角钢焊接而成，其断面为正方形或多边形。圆筒（或棱筒）或锥筒式塔架由钢板卷制（或轧制）焊接而成，其形状为上小下大的几段圆筒（或棱筒）或锥筒。

（3）其他

塔架的基础、设计载荷、强度载荷、静动强度计算、疲劳分析以及塔架基础的强度计算应遵照相关国家标准执行。

思考题

1. 推导风能密度的计算式 $W = \rho v^3 / 2$，写出平均风能密度的计算式。

2. 试画出一个典型的风玫瑰图（至少含有风向、风频，或者含有风向、风速）。

3. 画一个中国地图并在上面大致标出我国风能资源分布丰富的地区。

4. 简述风力发电系统的组成及其功能。

5. 影响风轮功率的主要因素有哪些？

6. 风力发电机并网运行主要分为哪些方式？

7. 如何对一个风力机进行初步简易的工程设计？

参考文献

[1] 赵丹平，徐宝清.风力机设计理论及方法 [M].北京：北京大学出版社，2012.

[2] 刘万琨，张志英，李银凤，等.风能与风力发电技术 [M].北京：化学工业出版社，2007.

[3] 王革华.新能源概论 [M].2版.北京：化学工业出版社，2011.

[4] 贾彦，常泽辉.风力机原理与设计 [M].北京：中国电力出版社，2015.

[5] 吴佳梁，王广良，魏振山.风力机可靠性工程 [M].北京：化学工业出版社，2011.

[6] 王建录，赵萍，林志民，等.风能与风力发电技术 [M].北京：化学工业出版社，2015.

[7] 赵振宙，郑源，高玉琴，等.风力机原理与应用 [M].北京：中国水利水电出版社，2011.

[8] 赵振宙，王同光，郑源.风力机原理 [M].北京：中国水利水电出版社，2016.

[9]　宋俊.风力机空气动力学 [M].北京：机械工业出版社，2019.

[10]　胡昊.风力机叶片气动噪声特性与降噪方法研究 [M].北京：中国水利水电出版社，2016.

[11]　陈进，汪泉.风力机翼型及叶片优化设计理论 [M].北京：科学出版社，2013.

[12]　关新.风力机传动系统流固热耦合及可靠性研究 [M].沈阳：辽宁科学技术出版社，2018.

[13]　李本立，宋宪耕，贺德馨，等.风力机结构动力学 [M].北京：北京航空航天大学出版社，1999.

[14]　何险富，卢霞，杨跃进，等.风力机设计、制造与运行 [M].北京：化学工业出版社，2009.

[15]　穆易瓦·安达拉莫拉.风力机技术及其设计 [M].薛建彬，张振华，译.北京：机械工业出版社，2018.

[16]　马剑龙，汪建文.风力机现代测试与计算方法 [M].西安：西北工业大学出版社，2019.

[17]　单丽君.风力机设计与仿真实例 [M].北京：科学出版社，2017.

[18]　王同光，李慧，陈程，等.风力机叶片结构设计 [M].北京：科学出版社，2015.

[19]　廖明夫，宋文萍，王四季，等.风力机设计理论与结构动力学 [M].西安：西北工业大学出版社，2014.

[20]　王亮.双馈风力发电机并网稳定性分析与对策 [M].北京：北京理工大学出版社，2021.

[21]　王同光，钟伟，钱耀如，等.风力机空气动力性能计算方法 [M].北京：科学出版社，2019.

[22]　Jha A R.风力机技术 [M].岳大为，李洁，译.北京：机械工业出版社，2013.

[23]　阿洛伊斯·查夫齐科.风力机空气动力学 [M].吴晨曦，沈洋，娄尧林，译.北京：机械工业出版社，2016.

[24]　Hau E，Renouard H.Wind turbines：Fundamentals，technologies，application，economics [M].2nd ed.Heidelberg：Springer，2005.

[25]　全国风力机械标准化技术委员会.风力发电机组风轮叶片：JB/T 10194—2000 [S].北京：机械工业出版社，2000.

第3章

太 阳 能

太阳能是最为典型的地外能源。广义上讲，风能和生物质能都是太阳能的衍生形式。当前，我国太阳能发电规模大幅增长，具有相当广阔的发展空间。截至 2020 年末，我国太阳能发电新增装机容量 $4.869 \times 10^7 kW$，同比增长 23.8%；总装机容量 $2.5343 \times 10^8 kW$，占全部电源的 11.5%；年发电量 $2.611 \times 10^{11} kW \cdot h$，同比增长 16.4%，占全部电源发电量的 3.4%；光伏发电年利用时间 1160h。本章将重点介绍太阳能的光热和光电利用的原理、特性、运行与设计方法。

3.1 太阳能基本特性

3.1.1 太阳能概述

太阳是一个炽热的气体恒星（图 3.1），直径为 $1.39 \times 10^6 km$，质量约为 $2.0 \times 10^{27} t$，是地球质量的 332000 倍，体积是地球的 1.3×10^6 倍，平均密度大约是地球的 1/4。太阳距地球的平均距离为 $1.5 \times 10^8 km$。

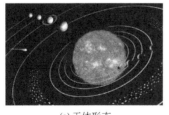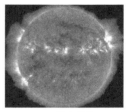

(a) 天体形态　　　　　　　　(b) 恒星光谱形态　　　　　　　(c) 温度形态

图 3.1　太阳的形态

通过对太阳光谱的分析，发现太阳的化学构成存在 68 种元素，其主要成分是氢（质量占比 78.4%）和氦（质量占比 19.8%），其余为金属元素和其他元素（质量占比 1.8%）。

太阳在结构上由内部和大气两大部分组成。自里向外，太阳内部分为核心层、中介层和对流层三个层次；太阳大气则分为光球、色球和日冕三个层次。

太阳表面的有效温度为 5762K，而内部中心区域的温度则高达几千万开尔文（范围在 $8\times10^6\sim4\times10^7$K），压力为 3×10^{11}atm（1atm＝101325Pa）。一般认为太阳辐射是各层发射和吸收各种波长辐射综合作用的结果，而且辐射光谱的超短波和超长波部分的光谱强度的分布随时间略有变动。在计算太阳热转换过程时，一般将太阳视为一个 6000K 的黑体。

与其他常规能源和核能相比，太阳能具有以下特点。

（1）太阳能资源十分丰富

据估计，每年到达地球表面的太阳辐射能约相当于 1.3×10^{14}tce，其总量属当今世界可以开发的最大能源。

（2）太阳能分布广泛

太阳能随处可得，并可就近供电，从而避免长距离输送导致的能量损失。

（3）太阳能安全可靠

按目前太阳产生的核能速率估算，太阳能足以维系上百亿年，可以长久稳定地提供能源而不会遭受能源危机的冲击。

（4）太阳能具有清洁性

常规能源（如煤、石油和天然气等）在燃烧时会放出大量的有害气体，核燃料工作时要排出放射性废料，对环境造成污染。而太阳能的利用不产生任何废弃物，无污染、噪声和威胁环境等不良影响，是理想的清洁能源。

（5）太阳能不用燃料，运行成本较低

（6）太阳辐射能量很大，但其辐射能密度较小

太阳能每单位面积上的入射功率较小。标准条件下，地面上接收到的太阳辐射强度为 1000W/m^2。如果需要得到较大的功率，就必须占用较大的受光面积。

（7）太阳辐射的随机性较大

除受不同纬度、海拔高度和地面边界条件的影响外，一年四季甚至一天之内的辐射能量都会发生变化。所以在利用太阳能光发电时，为了保证能量供给的连续性和稳定性，需要配备相当容量的储能装置，如蓄热、蓄电装置等。

3.1.2　太阳能主要物理参数

（1）太阳辐照光谱

太阳辐射中辐射能按波长的分布称为太阳辐照光谱。大气上界的太阳光谱能量分布曲线，与用普朗克黑体辐射公式计算出的 6000K 的黑体光谱能量分布曲线较为相似，因此可以将其视作黑体辐射。

根据维恩位移定律可以计算出太阳辐射峰值波长为 $0.475\mu m$。在全部太阳辐射能中，波长在 $0.15\sim4\mu m$ 的光谱占 99% 以上，且主要分布在可见光区和红外区，前者约

占太阳辐射总能量的 50%，后者约占 43%。紫外区的太阳辐射能较少，约占总量的 7%。图 3.2 为标准太阳辐照光谱。

在太阳能光热利用技术中，通常将太阳视为温度为 6000K、波长为 $0.3 \sim 3\mu m$ 的黑体。

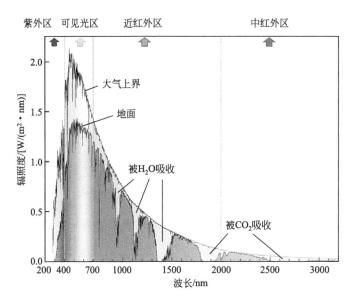

图 3.2　标准太阳辐照光谱

（2）太阳常数

日地几何关系及太阳常数如图 3.3 所示。地球轨道的偏心引起太阳到地球的距离在 ±1.7% 范围内变化。太阳辐射通过星际空间到达地球，若把日地的平均距离（1.495×10^{11} m）定义为天文单位（AU）。当距离为 1AU 时，太阳所对的张角为 32'。日地距离变化不大以及太阳辐射能的特点，使得地球大气层外的太阳辐照度基本保持不变。

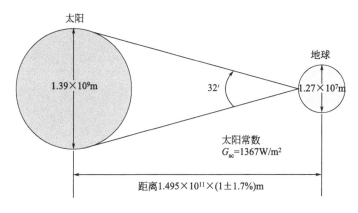

图 3.3　日地几何关系及太阳常数

当日地距离为平均值时，在被照亮的半个地球的大气上界，垂直于太阳光线的每平方米面积上每秒获得的太阳辐射能量称为太阳常数，用 G_{sc} 表示。1981 年，世界气象组织推荐太阳常数值 $G_{sc}=(1367\pm7)\ \text{W/m}^2$，一般工程计算通常采用 1367W/m^2。太阳常数是一个非常重要的参数，一切有关研究太阳辐射的问题，几乎都要考虑它或以它为基准。

（3）太阳角度相关参数

与太阳角度相关的参数较多，通常包括以下参数。

① 纬度 ϕ：赤道北或南从地球中心到观察者的位置连线与赤道平面间的夹角，北半球为正，南半球为负，$-90°\leqslant\phi\leqslant90°$。

② 太阳赤纬角 δ：通过地日中心的连线与通过赤道的平面间的夹角，北半球为正，南半球为负，$-23.45°\leqslant\delta\leqslant23.45°$。

③ 集热器倾斜角 β：集热器平面与水平面的夹角，$0°\leqslant\beta\leqslant180°$。

④ 集热器方位角 γ：集热器在水平面上的投影偏移所在位置子午线平面的角度。并规定正南方为 $0°$，向西为正，向东为负，$-180°\leqslant\gamma\leqslant180°$。

⑤ 时角 ω：地球自转时转过的角度，也称太阳时角。地球自转一周是 $360°$，对应时间为 24h，因此每小时地球自转的角度为 $15°$，并规定正午 12 点时的时角为 $0°$，上午为负，下午为正。

⑥ 太阳入射角 θ：投射到集热器表面的太阳光线与表面法线之间的夹角。太阳光线可分为两个分量，一个垂直于表面，一个平行于表面，但只有前者辐射能被有效收集。一般地，入射角越小越好。

⑦ 太阳高度角 α：地面某一观察点太阳光线与光线在该点水平面上的投影的夹角。

⑧ 太阳天顶角 θ_z：太阳中心与所在地表面观察点的连线与该点的垂直线间的夹角。太阳天顶角与太阳高度角互为余角。

⑨ 太阳方位角 γ_s：太阳光线在水平面上的投影从正南方向角度偏移量，或投影线与正南方的夹角。规定正南方为 $0°$，向西为正，向东为负，$-180°\leqslant\gamma_s\leqslant180°$。

太阳入射角 θ 与上述各角之间有着密切的关系，其计算式如下：

$$\cos\theta=\sin\delta\sin\phi\cos\beta-\sin\delta\cos\phi\cos\gamma\sin\beta+\cos\delta\cos\phi\cos\beta\cos\omega$$
$$+\cos\delta\sin\phi\sin\beta\cos\omega\cos\gamma+\cos\delta\sin\beta\sin\gamma\sin\omega \tag{3.1}$$

或：

$$\cos\theta=\cos\theta_z\cos\beta+\sin\theta_z\sin\beta\cos(\gamma_s-\gamma) \tag{3.2}$$

用此公式可以求出处于任何地理位置、任何季节、任何时候、太阳能集热器处于任何几何位置上的太阳入射角 θ。此公式可以进行不同条件下的简化，如当集热器方位角 $\gamma=0°$，有：

$$\cos\theta=\sin\delta\sin(\phi-\beta)+\cos(\phi-\beta)\cos\delta\cos\omega \tag{3.3}$$

太阳高度角 α 可用下式计算：

$$\sin\alpha=\sin\delta\sin\phi+\cos\delta\cos\phi\cos\omega \tag{3.4}$$

太阳方位角 γ_s 可用下式计算：

$$\sin\gamma_s=\frac{\sin\omega\cos\delta}{\cos\alpha} \tag{3.5}$$

（4）太阳辐射表征参数

太阳辐射表征参数通常包括辐射通量、辐照度和辐照量，分别定义如下。

① 辐射通量：指太阳以辐射形式发出的功率，单位为 W。

② 辐照度：根据《太阳能资源术语》（GB/T 31163—2014），辐照度指投射到单位面积上的辐射通量，或单位时间、单位面积上接收到的辐射能，单位为 W/m^2。

③ 辐照量：指单位面积上接收到的辐射能，或给定时间内辐照度的积分总量，单位为 J/m^2。

太阳总辐射强度的影响因素包括两大类：一类是气象条件，包括纬度、太阳高度、海拔、云量、浑浊度等；另一类是反射条件，包括周围环境和边界条件等。

3.1.3 我国太阳能资源分布

我国属太阳能资源丰富的国家之一，全国总面积 2/3 以上的地区年日照时间大于 2000h，年辐射量在 $5000MJ/m^2$ 以上。据统计资料分析，中国陆地面积每年接收的太阳辐射总量为 $(3.3\sim8.4)\times10^3 MJ/m^2$，相当于 2.4×10^{12} tce 的储量。

根据《太阳能资源等级 总辐射》（GB/T 31155—2014），如按太阳总辐射年曝辐量（辐照量）G 作为分级指标，太阳能资源可划分为四个等级（如图 3.4 所示）：$G\geqslant1750kW\cdot h/(m^2\cdot a)$ [即 $G\geqslant6300MJ/(m^2\cdot a)$] 为最丰富，等级为 A 级；$1400kW\cdot h/(m^2\cdot a)\leqslant G<1750kW\cdot h/(m^2\cdot a)$ [即 $5040MJ/(m^2\cdot a)\leqslant G<6300MJ/(m^2\cdot a)$] 为很丰富，等级为 B 级；$1050kW\cdot h/(m^2\cdot a)\leqslant G<1400kW\cdot h/(m^2\cdot a)$ [即 $3780MJ/(m^2\cdot a)\leqslant G<5040MJ/(m^2\cdot a)$] 为丰富，等级为 C 级；$G<1050kW\cdot h/(m^2\cdot a)$ [即 $G<3780MJ/(m^2\cdot a)$] 为一般，等级为 D 级。

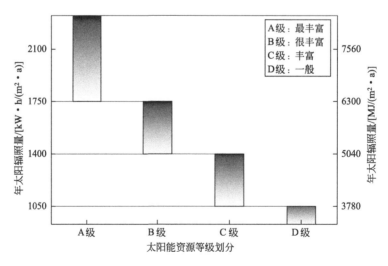

图 3.4　按照年辐照量的太阳能资源等级划分

根据 2021 年中国风能太阳能资源年景公报，我国新疆、西藏、西北中部和西部、西南西部、内蒙古中部和西部、华北西北部、华南东南部、华东南部部分地年水平面总辐射量超过 $1400kW\cdot h/m^2$。其中，西藏大部、四川西部、内蒙古西部、青海西北部等地年水平面总辐照量超过 1750kW·h/m²，为太阳能资源最丰富区域（A 级）。

新疆大部、内蒙古中部和西部、西北中部和西部、山西北部、河北北部、西藏东部、云南大部、福建南部、广东东部、海南大部等地年水平面总辐照量为 1400～1750kW·h/m²，为太阳能资源很丰富区域（B 级）。

西北东南部、内蒙古东北部、东北大部、华北东部南部、华东大部、广西、广东西部、华中大部、四川中部、云南东部及贵州西南部等地年水平面总辐照量为 1050～1400kW·h/m²，为太阳能资源丰富区域（C 级）。

四川东部、重庆、贵州中北部、湖南西北部及湖北西南部等地年水平面总辐照量不足 1050kW·h/m²，为太阳能资源一般区（D 级）。

此外，也有按照年太阳辐照量和年日照时间将我国太阳能资源区域划分为五个类别的，如表 3.1 所列。

表 3.1　我国太阳能资源的区域分布

类别	太阳能条件	年太阳辐照量 /[MJ/(m²·a)]	年日照时间 /h	主要区域
一类	丰富	6680～8400	3200～3300	宁夏北部、甘肃北部、新疆东南部、青海西部和西藏西部等地
二类	较丰富	5852～6680	3000～3200	河北西北部、山西北部、内蒙古南部、宁夏南部、甘肃中部、青海东部、西藏东南部和新疆南部等地
三类	中等	5016～5852	2200～3000	山东东南部、河南东南部、河北东南部、山西南部、新疆北部、吉林、辽宁、云南、陕西北部、甘肃东南部、广东南部、福建南部、江苏北部、安徽北部、天津、北京和台湾西南部等地
四类	较差	4190～5016	1400～2200	湖南、湖北、广西、江西、浙江、福建北部、广东北部、陕西南部、江苏南部、安徽南部、黑龙江、台湾东北部等地
五类	最少	3344～4190	1000～1400	四川、贵州、重庆等地

其中，一、二、三类地区年辐照量不小于 5000MJ/(m²·a)，年日照时间不少于 2000h，而且面积较大（占全国总面积的 2/3 以上），太阳能资源条件相对较好。四、五类地区虽然太阳能资源条件相对较差，但仍有一定利用价值。

3.2　太阳能光热利用

3.2.1　太阳能集热器

太阳能光热利用的基本原理是将太阳辐射能收集起来，通过与工质（主要是水或者空气）的相互作用转换成热能加以利用。

通常根据所能达到的温度和用途可以分为：低温（<200℃）利用，主要应用形式

有太阳能热水器、太阳能干燥、太阳能蒸馏器、太阳房、太阳能温室、太阳能空调制冷系统等；中温（200～800℃）利用，主要应用形式有太阳灶、太阳能热发电、聚光集热装置等；高温（＞800℃）利用，主要应用形式有高温太阳能炉。

常用的太阳能集热器主要分为平板型集热器、真空管型集热器和聚光型集热器等。

（1）平板型集热器

平板型集热器（图 3.5）是太阳能低温利用的基本部件，也一直是世界太阳能光热利用领域的主导产品。在太阳能低温利用领域，平板型集热器的技术经济性能远比聚光型集热器好。目前，国内外使用比较普遍的是全铜集热器和铜铝复合集热器。

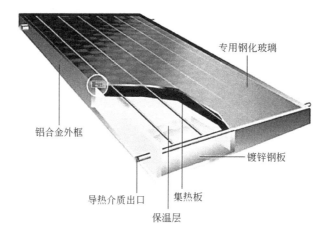

图 3.5　平板型集热器

平板型集热器的核心部件包括吸热体、透明盖板、隔热体和外壳等。

1）吸热体　吸热体的作用是吸收太阳能并将其内的流体加热，包括吸热面板和与吸热面板结合良好的流体管道。

对吸热体的技术要求为：

①太阳辐射的吸收比高。为提高吸热效率，吸热板需经特殊处理或涂选择性涂层。选择性涂层对太阳的短波辐射具有很高的吸收率，而本身发射出的长波辐射的发射率却很低，这样既可吸收更多的太阳能辐射，又能减少自身的辐射热损失。

②热传递性能好。吸热体吸取的太阳辐射热量可以最大限度地传递给传热工质。

③与工质的相容性好，不会被工质腐蚀。

④具有一定的承压能力。

⑤加工工艺简单，便于批量生产及推广应用。

2）透明盖板　透明盖板布置在集热器顶部，以减少集热板与环境之间的对流和辐射散热，并保护集热板不受雨、雪、灰尘的侵袭。透明盖板对太阳光的透射率高，而自身发射的红外辐射的透射率低，从而可以形成温室效应。

对透明盖板的技术要求为：

①对太阳辐射的投射比高，要求尽可能多地透过太阳辐射。

② 对红外长波辐射低，可以阻止吸热体升温后对环境的辐射散热。

③ 热导率小，可以减小集热器与外界环境的对流换热损失。

④ 冲击强度高，保护集热器不受雨、雪、冰雹、灰尘的侵袭。

⑤ 耐候性好，经得起各种气候条件的长期侵蚀。

透明盖板的材料主要有平板玻璃和钢化玻璃两大类。

为提高集热器效率，有时可采用两层盖板。一般情况下，很少采用三层或者三层以上的透明盖板。因为随着层数的增多，虽然可以减少集热器的对流和辐射散热损失，但是同时也大幅度降低了实际有效的太阳投射比。

3）隔热体　隔热体是防止集热器的侧面和背面向周围散热的保温材料。一般地，隔热材料的热导率越大，集热器的工作温度越高，使用环境的温度越低，则隔热层的厚度就要求越大。

4）外壳　外壳是集热器的骨架，应具有一定的机械强度、良好的水密封性能和耐腐蚀性能，而且美观。用于外壳的材料有铝合金板、不锈钢板、碳钢板、塑料、玻璃钢等。

（2）真空管型集热器

为了减少平板型集热器的热损，提高集热温度，国际上 20 世纪 70 年代研制成功真空集热管，其吸热体被封闭在高真空的玻璃真空管内，大大提高了热性能。

所谓真空管型集热器就是将吸热体与透明盖板之间的空间抽成真空的集热器。

真空集热管可分为全玻璃真空集热管（图 3.6）、玻璃-U 形管真空集热管、玻璃-金属真空集热管、直通式真空集热管和贮热式真空集热管等。

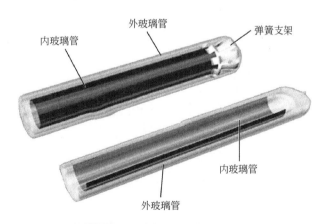

图 3.6　全玻璃真空集热管

（3）聚光型集热器

聚光型集热器通过聚光器将太阳辐射聚焦在接收器上形成焦点（或焦线）以获得高强度太阳能。聚光型集热器能将阳光会聚在面积较小的吸热面上，可获得较高温度，但只能利用直射辐射，且需要跟踪太阳。此外，对于给定的总能量，在该表面上更高的能流意味着更小的集热面积，并对应地减少热损失。

聚光型集热器主要由聚光器、吸收器和跟踪（追踪）系统三大部分组成。

按照聚光原理区分，聚光型集热器基本可分为反射聚光器和折射聚光器两大类（图 3.7）。每一类中按照聚光器的不同，又可分为旋转抛物面（点聚焦）聚光型集热器和柱状抛物面（线聚焦）聚光型集热器，以及在此基础上改进的菲涅耳聚光型集热器。

这些集热器几十年来进行了诸多改进，如提高反射面加工精度、研制高反射材料、开发高可靠性跟踪机构等。现在这两种抛物面镜聚光集热器完全能满足各种中、高温太阳能利用的要求。

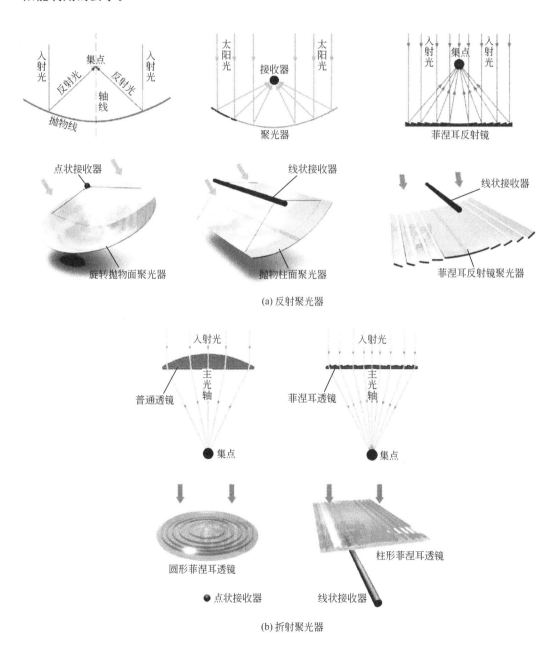

图 3.7　聚光型太阳能集热器

聚光型集热器的性能参数包括几何或面积聚光比和通量聚光比。

①几何或面积聚光比。几何或面积聚光比定义为开口面积与吸热层或接收器面积之比，即：

$$C_a = A_a / A_r \tag{3.6}$$

式中　C_a——几何或面积聚光比；

　　　A_a——开口面积（收光孔面积），m^2；

　　　A_r——吸热层或接收器面积，m^2。

聚光器接收太阳光的投影面称为光孔（或"开口"），聚光器把照射到光孔的辐射会聚到接收器上，如果聚光器光孔面积为 A_1（m^2），接收器受光面积为 A_2（m^2），则有 $C_a = A_1 / A_2$。

根据热力学第二定律，几何聚光比的极限值即极限聚光比为：

$$C_{a,\max} = \frac{1}{\sin^2\left(\dfrac{\theta}{2}\right)} \approx 45000 \tag{3.7}$$

式中　$C_{a,\max}$——极限聚光比；

　　　θ——太阳张角，$\theta = 32'$。

② 通量聚光比。通量聚光比为入射在聚光型集热器接收器面积与净采光面积上的太阳辐射通量之比，即：

$$C_t = P_r / P_a \tag{3.8}$$

式中　C_t——通量聚光比；

　　　P_r——集热器接收器面积上的太阳辐射通量，W；

　　　P_a——净采光面积上的太阳辐射通量，W。

这里所述的辐射通量又称辐射功率，指单位时间内通过某一截面的辐射能，单位为 W。

3.2.2　太阳能热水系统

太阳能热水系统是利用太阳能集热器采集太阳热量，在阳光的照射下使太阳的光能充分转化为热能，通过控制系统自动控制循环泵或电磁阀等功能部件将系统采集到的热量传输到大型储水保温水箱中，再匹配以适量的电力、燃气、燃油等辅助能源，把储水保温水箱中的水加热并成为比较稳定的定量能源设备。

太阳能热水系统既可提供生产和生活用热水，又可作为其他太阳能利用形式的冷热源，是太阳热能应用发展中最具经济价值、技术最成熟的商业化应用之一（图3.8）。太阳能热水系统的一般构成、要求和设计遵循以下方法流程。

3.2.2.1　设计标准

一般地，针对不同类型的太阳能热水系统设计一般执行相应的标准规范，通常包括《平板型太阳能集热器》（GB/T 6424—2021）、《全玻璃真空太阳集热管》（GB/T

(a) 与建筑结合示意　　　　　　　　　　　(b) 实景图

图 3.8　太阳能热水系统

17049—2005）和《真空管型太阳能集热器》（GB/T 17581—2021），以及《太阳能热水系统设计、安装及工程验收技术规范》（GB/T 18713—2002）等。

3.2.2.2　一般规定

太阳能热水系统设计必须遵循以下总体性规定：

① 太阳能热水系统设计应纳入建筑给水排水设计，并应符合国家现行有关标准要求。

② 太阳能热水系统应根据建筑物的使用功能、地理位置、气候条件和安装条件等综合因素，选择其类型、色泽和安装位置，并应与建筑物整体及周围环境相协调。

③ 太阳能集热器的规格宜与建筑模数相协调。

④ 安装在建筑屋面、阳台、墙面和其他部位的太阳能集热器、支架及连接管线应与建筑功能和建筑造型一并设计。

⑤ 太阳能热水系统应满足安全、适用、经济、美观的要求，并应便于安装、清洁、维护和局部更换。

3.2.2.3　系统分类与选择

（1）太阳能热水系统的分类

① 按供热水范围可分为集中供热水系统、集中-分散供热水系统和分散供热水系统三种。

② 按系统运行方式可分为自然循环系统、强制循环系统和直流式系统三种。

③ 按生活热水与集热器内传热工质的关系（换热方式）可分为直接系统和间接系统两种。

④ 按辅助能源设备安装位置可分为内置加热系统和外置加热系统两种。

⑤ 按辅助能源控制方式可分为全日自动启动系统、定时自动启动系统和按需手动启动系统三种。

（2）太阳能热水系统的选择

太阳能热水系统的类型应根据建筑物的类型及使用要求按表 3.2 进行选择。

表 3.2　太阳能热水系统设计选用表

建筑物类型		居住建筑			公共建筑		
		低层	多层	高层	宾馆	医院	公共浴室
供热水范围	集中供热水系统	●	●	●	●	●	●
	集中-分散供热水系统	●	●	○	—	—	—
	分散供热水系统	●	○	○	—	—	—
系统运行方式	自然循环系统	●	●	—	●	●	●
	强制循环系统	●	●	●	●	●	●
	直流式系统	—	●	●	●	●	●
换热方式	直接系统	●	●	●	●	●	●
	间接系统	●	●	●	●	●	●
辅助能源安装位置	内置加热系统	●	●	●	●	●	●
	外置加热系统	—	●	●	●	●	●
辅助能源控制方式	全日自动启动系统	●	●	●	●		
	定时自动启动系统	●	●	●	—	●	●
	按需手动启动系统	●	—	—	—	●	●

注：表中"●"为可选用；"○"为有条件选用；"—"为不宜选用。

3.2.2.4　设计要求

① 太阳能热水系统的热性能应满足相关太阳能产品国家现行标准和设计的要求，系统中集热器、贮水箱、支架等主要部件的正常使用寿命不应少于 10 年。

② 太阳能热水系统应安全可靠，内置加热系统必须带有保证使用安全的装置，并根据不同地区应采取防冻、防结露、防过热、防雷、抗雹、抗风、抗震等技术措施。

③ 辅助能源加热设备种类应根据建筑物使用特点、热水用量、能源供应、维护管理及卫生防菌等因素选择，并应符合现行国家标准《建筑给水排水设计标准》（GB 50015—2019）的有关规定。

④ 系统供水水温、水压和水质应符合现行国家标准《建筑给水排水设计标准》（GB 50015—2019）的有关规定。

⑤ 太阳能热水系统应符合下列要求：集中供热水系统宜设置热水回水管道，热水供应系统应保证干管和立管中的热水循环；集中分散供热水系统应设置热水回水管道，热水供应系统应保证干管、立管和支管中的热水循环；分散供热水系统可根据用户的具体要求设置热水回水管道。

3.2.2.5　系统设计

（1）总则

系统设计应遵循节水节能、经济实用、安全简便、便于计量的原则；根据建筑形式、辅助能源种类和热水需求等条件，宜按规范选择太阳能热水系统。

（2）系统集热器总面积确定

直接系统集热器总面积可根据用户的每日用水量和用水温度确定，按下式计算：

$$A_c = \frac{Q_w \rho_w C_w (t_{end} - t_1) f}{J_T \eta_{cd} (1 - \eta_L)} \tag{3.9}$$

其中：

$$Q_w = b_1 q_r m \tag{3.10}$$

式中　A_c——直接系统集热器总面积，m^2；

Q_w——日均用热水量，L；

C_w——水的定压比热容，kJ/(kg·℃)；

ρ_w——水的密度，kg/L；

t_{end}——贮热水箱内热水的终止设计温度，℃；

t_1——贮热水箱内冷水的初始设计温度，通常取当地年平均冷水温度，℃；

f——太阳能保证率，%，根据系统使用期内的太阳辐照、系统经济性及用户要求等因素综合考虑后确定，宜为30%～80%，我国太阳能资源区太阳能保证率值推荐范围如下，对于资源极富区域［年太阳辐照量＞6700MJ/(m^2·a)］，太阳能保证率 $f=60\%\sim80\%$，对于资源丰富区域［年太阳辐照量为5400～6700MJ/(m^2·a)］，太阳能保证率 $f=50\%\sim60\%$，对于资源较富区域［年太阳辐照量为4200～5400MJ/(m^2·a)］，太阳能保证率 $f=40\%\sim50\%$，对于资源一般区域［年太阳辐照量＜4200MJ/(m^2·a)］，太阳能保证率 $f=30\%\sim40\%$；

J_T——当地集热器采光面上的年平均日太阳辐照量，kJ/m^2，可参照表3.3选取；

η_{cd}——基于总面积的集热器的年平均集热效率，根据经验取值宜为0.25～0.50，具体取值应根据集热器产品的实际测试结果而定；

η_L——贮水箱和管路的热损失率，根据经验取值宜为0.20～0.30；

q_r——平均日热水用水定额，L/(人·d)或者L/(床·d)，应符合现行国家标准《建筑给水排水设计标准》(GB 50015—2019)的相关规定；

m——计算用水的人数或床数（即计算用水单位数）；

b_1——同日使用率，平均值应按实际使用工况确定，当无条件时，可根据建筑物类型不同采用以下取值范围，对于住宅，$b_1=0.5\sim0.9$，对于宾馆、旅馆，$b_1=0.3\sim0.7$，对于宿舍，$b_1=0.7\sim1.0$，对于医院、疗养院，$b_1=0.8\sim1.0$，对于幼儿园、托儿所、养老院，$b_1=0.8\sim1.0$。

表3.3　部分主要城市太阳能资源数据

城市	纬度	年平均气温/℃	水平面		斜面		斜面修正系数(K_{op})
			年平均总太阳辐照量/[MJ/(m^2·a)]	年平均日太阳辐照量/[kJ/(m^2·d)]	年平均总太阳辐照量/[MJ/(m^2·a)]	年平均日太阳辐照量/[kJ/(m^2·d)]	
北京	39°57′	12.3	5570.32	15261.14	6582.78	18035.01	1.0976
天津	39°08′	12.7	5239.94	14356.01	6103.55	16722.05	1.0692
石家庄	38°02′	13.4	5173.60	14174.24	6336.40	17360.00	1.0521

续表

城市	纬度	年平均气温/℃	水平面		斜面		斜面修正系数(K_{op})
			年平均总太阳辐照量/[MJ/(m²·a)]	年平均日太阳辐照量/[kJ/(m²·d)]	年平均总太阳辐照量/[MJ/(m²·a)]	年平均日太阳辐照量/[kJ/(m²·d)]	
哈尔滨	45°45′	4.2	4636.58	12702.97	5780.88	15838.03	1.1400
沈阳	41°46′	8.4	5034.46	13793.03	6045.52	16563.06	1.0671
长春	43°53′	5.7	4953.78	13572.00	6251.36	17127.02	1.1548
呼和浩特	40°49′	6.7	6049.51	16574.01	7327.37	20074.98	1.1468
太原	37°51′	10.0	5497.27	15061.02	6348.82	17394.02	1.1005
乌鲁木齐	43°47′	7.0	5279.36	14464.01	6056.82	16594.03	1.0092
西宁	36°35′	6.1	6123.64	16777.08	7160.22	19617.04	1.1360
兰州	36°01′	9.8	5462.60	14966.04	5782.36	15842.07	0.9489
银川	38°25′	9.0	6041.84	16553.00	7159.46	19614.97	1.1559
西安	34°15′	13.7	4665.06	12780.99	4727.48	12952.01	0.9275
上海	31°12′	16.1	4657.39	12759.98	4997.23	13691.05	0.9900
南京	32°04′	15.5	4781.12	13098.97	5185.55	14206.98	1.0249
合肥	31°53′	15.8	4571.64	12525.04	4854.13	13298.99	0.9988
杭州	30°15′	16.5	4258.84	11668.04	4515.77	12371.97	0.9362
南昌	28°40′	17.6	4779.32	13094.04	5005.62	13714.03	0.8640
福州	26°05′	19.8	4380.37	12001.02	4544.60	12450.97	0.8978
济南	36°42′	14.7	5125.72	14043.06	5837.83	15994.06	1.0630
郑州	34°43′	14.3	4866.19	13332.03	5313.67	14558.01	1.0467
武汉	30°38′	16.6	4818.35	13200.95	5003.06	13707.02	0.9039
长沙	28°11′	17.0	4152.64	11377.08	4230.00	11589.04	0.8028
广州	23°00′	22.0	4420.15	12110.01	4636.22	12701.98	0.8850
海口	20°02′	24.1	5049.79	13835.05	4931.14	13509.96	0.8761
南宁	22°48′	21.8	4567.97	12514.98	4647.92	12734.04	0.8231
重庆	29°36′	17.7	3058.81	8684.08	3066.62	8401.71	0.8021
成都	30°40′	16.1	3793.07	10391.97	3760.96	10303.99	0.7553
贵阳	26°34′	15.3	3769.38	10327.07	3735.79	10235.05	0.8135
昆明	25°02′	14.9	5180.83	14194.06	5596.56	15333.04	0.9216
拉萨	29°43′	8.0	7774.85	21300.95	8815.10	24150.97	1.0964

间接系统集热器总面积可按下式计算：

$$A_{IN} = A_c \left(1 + \frac{F_R U_L A_c}{U_{hx} A_{hx}}\right) \qquad (3.11)$$

式中　A_{IN}——间接系统集热器总面积，m²；

A_c——直接系统集热器总面积，m²；

$F_R U_L$——集热器总热损系数，W/(m²·℃)，对于平板型集热器，$F_R U_L$ 宜取

$4\sim6W/(m^2\cdot℃)$，对于真空管集热器，F_RU_L 宜取 $1\sim2W/(m^2\cdot℃)$，具体数值应根据集热器产品的实际测试结果而定；

U_{hx}——换热器传热系数，$W/(m^2\cdot℃)$；

A_{hx}——换热器换热面积，m^2。

（3）集热器倾角要求

集热器倾角应与当地纬度一致。如系统侧重在夏季使用，其倾角宜为当地纬度减10°；如系统侧重在冬季使用，其倾角宜为当地纬度加10°；全玻璃真空管东西向水平放置的集热器倾角可适当减小。

（4）集热器面积补偿与校正

集热器总面积有下列情况时，可按补偿方式确定，但补偿面积不得超过计算结果的1倍。这些情况包括：集热器朝向受条件限制，南偏东、南偏西或向东、向西时；或者集热器在坡屋面上受条件限制，倾角与上述规定偏差较大时。

（5）不够安装时集热器面积的确定

当按上述方法计算得到系统集热器总面积在建筑围护结构表面不够安装时，可按围护结构表面最大容许安装面积确定系统集热器总面积。

（6）贮水箱容积的确定

贮水箱容积的确定应符合下列要求：集中供热水系统的贮水箱容积应根据日用热水小时变化曲线及太阳能集热系统的供热能力和运行规律，以及常规能源辅助加热装置的工作制度、加热特性和自动温度控制装置等因素按积分曲线计算确定。

间接系统太阳能集热器产生的热用于容积式水加热器或加热水箱时，贮水箱的贮热量应符合表3.4的要求。

表 3.4　贮水箱的贮热量

加热设备	以蒸汽或95℃以上高温水为热媒		以≤95℃高温水为热媒	
	公共建筑	居住建筑	公共建筑	居住建筑
容积式水加热器或加热水箱	$\geqslant30minQ_h$	$\geqslant45minQ_h$	$\geqslant60minQ_h$	$\geqslant90minQ_h$

注：Q_h 为设计小时耗热量，W。

太阳能集热系统贮热装置有效容积的计算应符合下列规定：

集中集热、集中供热太阳能热水系统的贮热水箱宜与供热水箱分开设置，串联连接，贮热水箱的有效容积可按下式计算：

$$V_{rx}=q_{rjd}A_j \tag{3.12}$$

式中　V_{rx}——贮热水箱的有效容积，L；

A_j——集热器总面积，m^2，$A_j=A_c$ 或 $A_j=A_{in}$；

q_{rjd}——单位面积集热器平均日产温升30℃热水量的容积，$L/(m^2\cdot d)$。

其中，q_{rjd} 根据集热器产品参数确定。无条件时，可按照以下原则选取：对于太阳能最丰富区域（A级），直接系统按 $70\sim80L/(m^2\cdot d)$，间接系统按 $50\sim55L/(m^2\cdot d)$；

对于太阳能很丰富区域（B级），直接系统按 60～70L/(m^2·d)，间接系统按 40～50L/(m^2·d)；对于太阳能丰富区域（C级），直接系统按 50～60L/(m^2·d)，间接系统按 35～40L/(m^2·d)；对于太阳能一般区域（D级），直接系统按 40～50L/(m^2·d)，间接系统按 30～35L/(m^2·d)。

当贮热水箱与供热水箱分开设置时，供热水箱的有效容积应符合现行国家标准《建筑给水排水设计标准》（GB 50015—2019）的规定。

集中集热、分散供热太阳能热水系统宜设有缓冲水箱，其有效容积一般不宜小于 10%V_{rx}。

（7）太阳能集热器在平屋面上的设置要求

太阳能集热器设置在平屋面上，应符合下列要求：a.对朝向为正南、南偏东或南偏西不大于30°的建筑，集热器可朝南设置，或与建筑同向设置；b.对朝向为南偏东或南偏西大于30°的建筑，集热器宜朝南设置或南偏东、南偏西小于30°设置；c.对受条件限制，集热器不能朝南设置的建筑，集热器可朝南偏东、南偏西或朝东、朝西设置；d.水平放置的集热器可不受朝向的限制；e.集热器应便于拆装移动。

集热器与遮光物或集热器前后排间的最小距离可按下式计算：

$$D = H \cot \alpha_s \tag{3.13}$$

式中　D——集热器与遮光物或集热器前后排间的最小距离，m；

　　　H——遮光物最高点与集热器最低点的垂直距离，m；

　　　α_s——太阳高度角，(°)，对季节性使用的系统，宜取当地春秋分正午12时的太阳高度角，对全年性使用的系统，宜取当地冬至日正午12时的太阳高度角。

集热器可通过并联、串联和串并联等方式连接成集热器组，并应符合下列要求：对自然循环系统，集热器组中集热器的连接宜采用并联。平板型集热器的每排并联数目不宜超过16个。全玻璃真空管东西向放置的集热器，在同一斜面上多层布置时，串联的集热器不宜超过3个（每个集热器联集箱长度不大于2m）。对自然循环系统，每个系统全部集热器的数目不宜超过24个。大面积自然循环系统，可分成若干个子系统，每个子系统中并联集热器数目不宜超过24个。集热器之间的连接应使每个集热器的传热介质流入路径与回流路径的长度相同。在平屋面上宜设置集热器检修通道。

（8）太阳能集热器在坡屋面上的设置要求

太阳能集热器设置在坡屋面上应符合下列要求：a.集热器可设置在南向、南偏东、南偏西或朝东、朝西建筑坡屋面上；b.坡屋面上的集热器应采用顺坡嵌入设置或顺坡架空设置；c.作为屋面板的集热器应安装在建筑承重结构上；d.作为屋面板的集热器所构成的建筑坡屋面在刚度、强度、热工、锚固、防护功能上应按建筑围护结构设计。

（9）太阳能集热器在阳台上的设置要求

对朝南、南偏东、南偏西或朝东、朝西的阳台，集热器可设置在阳台栏板上或构成阳台栏板；低纬度地区设置在阳台栏板上的集热器和构成阳台栏板的集热器应有适当的倾角；构成阳台栏板的集热器，在刚度、强度、高度、锚固和防护功能上应满足建筑设计要求。

（10）太阳能集热器在墙面上的设置要求

在高纬度地区，集热器可设置在建筑的朝南、南偏东、南偏西或朝东、朝西的墙面上，或直接构成建筑墙面；在低纬度地区，集热器可设置在建筑南偏东、南偏西或朝东、朝西墙面上，或直接构成建筑墙面；构成建筑墙面的集热器，其刚度、强度、热工、锚固、防护功能应满足建筑围护结构设计要求。

（11）太阳能集热器嵌入屋面、阳台、墙面或建筑其他部位的设置要求

嵌入建筑屋面、阳台、墙面或建筑其他部位的太阳能集热器，应满足建筑围护结构的承载、保温、隔热、隔声、防水、防护等功能。

（12）太阳能集热器架在屋面和附着在阳台或墙面上的设置要求

架空在建筑屋面和附着在阳台或墙面上的太阳能集热器，应具有相应的承载能力、刚度、稳定性和相对于主体结构的位移能力。

（13）太阳能集热器安装在建筑上或直接构成建筑围护结构的设置要求

安装在建筑上或直接构成建筑围护结构的太阳能集热器，应有防止热水渗漏的安全保障设施。

（14）太阳能集热器的耐压要求

太阳能集热器的耐压要求应与系统的工作压力相匹配。

（15）贮水箱循环管的设计要求

在使用平板型集热器的自然循环系统中，贮水箱的下循环管应比集热器的上循环管高 0.3m 以上。

（16）系统的循环管路和取热水管路的设计要求

集热器循环管路应有 0.3%～0.5% 的坡度。在自然循环系统中，应使循环管路朝贮水箱方向有向上坡度，不得有反坡；在有水回流的防冻系统中，管路的坡度应使系统中的水自动流，不应积存；在循环管路中，易发生气塞的位置应设有吸气阀；当采用防冻液作为传热工质时，宜使用手动排气阀。需要排空和防冻回流的系统应设有吸气阀；在系统各回路及系统需要防冻排空部分的管路的最低点及易积存的位置应设有排空阀；在强迫循环系统的管路上，宜设有防止传热工质夜间倒流散热的单向阀；间接系统的循环管路上应设膨胀箱。闭式间接系统的循环管路上同时还应设有压力安全阀和压力表，不应设有单向阀和其他可关闭的阀门；当集热器阵列为多排或多层集热器组并联时，每排或每层集热器组的进出口管道应设辅助阀门；在自然循环和强迫循环系统中宜采用顶水法获取热水。浮球阀可直接安装在贮水箱中，也可安装在小补水箱中；设在贮水箱中的浮球阀应采用金属或耐温高于 100℃ 的其他材质浮球，浮球阀的通径应能满足取水流量的要求；直流式系统应采用落水法取热水；各种取热水管路系统应按 1.0m/s 的设计流速选取管径。

（17）系统计量要求

系统计量宜按照现行国家标准《建筑给水排水设计标准》（GB 50015—2019）中有

关规定执行，并应按具体工程设置冷、热水表。

（18）系统控制要求

强制循环系统宜采用温差控制；直流式系统宜采用定温控制；直流式系统的温控器应有水满自锁功能；集热器用传感器应能承受集热器的最高空晒温度，精度为±2℃；贮水箱用传感器应能承受100℃，精度为±2℃。

（19）太阳能集热器支架的刚度、强度、防腐蚀性能要求

太阳能集热器支架的刚度、强度、防腐蚀性能应满足安全要求，并应与建筑牢固连接。

（20）太阳能热水系统所有过水设备的材质要求

太阳能热水系统使用的金属管道、配件、贮水箱及其他过水设备材质，应与建筑给水管道材质相容。

（21）太阳能热水系统的减振隔声措施

太阳能热水系统采用的泵、阀应采取减振和隔声措施。

（22）辅助热源系统的设计要求

辅助能源设备与太阳能储热装置不宜设在同一容器内，太阳能宜作为预热热媒与辅助热源串联使用。辅助能源的供应量应按无太阳能时确定。并符合现行国家标准《建筑给水排水设计标准》（GB 50015—2019）的规定。辅助能源因地制宜进行选择，集中-分散供热水系统、分散供热水系统宜采用电或燃气，集中供热水系统应充分利用暖通动力的热源。当没有暖通动力的热源或不足时，宜采用城市热力管网、燃气、燃油、热泵等。辅助能源的控制应在保证充分利用太阳能及热量的条件下，根据不同的供热水方式选择采用全日自动控制、定时自动控制或者手动控制。辅助能源的水加热设备应根据热源种类及供水水质冷热水系统形式选择采用直接加热或间接加热设备。

对于辅助热源的参数，集中热水供应系统设计小时耗热量按下式计算：

$$Q_{\mathrm{h}} = K_{\mathrm{h}} \frac{m q_{\mathrm{r}} C_{\mathrm{w}} (t_{\mathrm{end}} - t_1) \rho_{\mathrm{w}}}{T} \tag{3.14}$$

设计小时热水量按下式计算：

$$q_{\mathrm{rh}} = \frac{Q_{\mathrm{h}}}{(t_{\mathrm{end}} - t_1) C_{\mathrm{w}} \rho_{\mathrm{w}}} \tag{3.15}$$

式中　Q_{h}——设计小时耗热量，kJ/h；

m——用水计算单位数，人；

q_{r}——热水用水定额，L/(人·d)；

C_{w}——水的比热容，$C_{\mathrm{w}} = 4.187$kJ/(kg·℃)；

t_{end}——热水温度，℃；

t_1——冷水温度，℃；

ρ_{w}——热水密度，kg/L；

T——每日使用时间，h；

K_h——小时变化系数；

q_{rh}——设计小时热水量，L/h。

【例 3.1】 为公共建筑中心区设计一套太阳能热水系统。设计条件为：地理位置处于太阳能资源Ⅲ区即较富区域，年均日辐照量 15247kJ/（m²·d），年均日照时数 6.10h/d。采用集中式热水供应，人数 124 人，人均日用水量取 60L。

解：本设计方案选用全玻璃真空管集热器，集中供热方式，系统为强制循环运行方式，换热方式为直接系统，辅助能源为燃气加热。

设计计算过程如下：

（1）日均用热水量的计算

$$Q_w = b_1 q_r m$$

式中　Q_w——日均用热水量，L；

q_r——平均日热水用水定额，L/（人·d），取 $q_r=60$L/（人·d）；

m——计算用水的人数（即计算用水单位数），取 $m=124$ 人；

b_1——同日使用率，取 $b_1=1.0$。

经计算，得设计日均用热水量为：1.0×60×124＝7440（L/d）。

（2）太阳能集热面积的确定

直接式太阳能热水系统集热的总面积可根据系统的日平均用水量和用水温度确定，即：

$$A_c = \frac{Q_w \rho_w C_w (t_{end} - t_1) f}{J_T \eta_{cd} (1 - \eta_L)}$$

式中　Q_w——日均用热水量，L/d，$Q_w=7440$L/d；

ρ_w——水的密度，kg/L，$\rho_w=0.9832$kg/L；

C_w——水的定压比热容，kJ/（kg·℃），$C_w=4.187$kJ/（kg·℃）；

t_{end}——贮热水箱内热水的终止设计温度，℃，本例 $t_{end}=60$℃；

t_1——贮热水箱内冷水的初始设计温度，℃，通常取当地年平均冷水温度，本例 $t_1=7$℃；

f——太阳能保证率，%，考虑该地区属于太阳能资源较富的实际，选取 $f=50\%$；

J_T——当地集热器采光面上的年平均日太阳辐照量，kJ/（m²·d），查手册得 $J_T=15247$kJ/（m²·d）；

η_{cd}——基于总面积的集热器的年平均集热效率，本例选取 $\eta_{cd}=0.5$；

η_L——贮水箱和管路的热损失率，根据经验取值宜为 0.20～0.30，本例选取 $\eta_L=0.20$。

根据以上确定的参数，代入公式计算求得太阳能集热器面积为：$A_c=133.08$m²。

（3）太阳能集热器个数、类型的确定

本例选用热管真空管太阳能集热器，规格为 CE70/1900A-20，即每台由 20 支 70mm（直径）×1900mm（长度）热管组成，外形尺寸 2140mm×1990mm，每台集热面积 4.26m²。则采用台数＝133.08/4.26＝31.24（台），取 32 台。安装倾角 25°。布置方式根据建筑物顶面面积采用合理方式布置，可为每排 11 台，共 3 排。

（4）贮水箱的设计

贮水箱容积为：

$$V=q_{rjd}A_c$$

式中　V——贮水箱容积，L；

　　　q_{rjd}——单位采光面积平均日的产热水量，L/(m²·d)，本例取 50L/(m²·d)；

　　　A_c——太阳能集热器面积，m²，本例为 133.08m²。

代入计算得贮水箱容积为 $V=133.08\times50=6654$（L/d），选用 6700L 的水箱。

（5）辅助热源

为保证太阳能热水系统可靠供应热水，采用燃气加热作为辅助热源，但考虑恶劣天气和最不利可能性，辅助热源应在设计时间内向系统提供热水所需的全部热量。

集中热水供应系统设计小时耗热量为：

$$Q_h=K_h\frac{mq_rC(t_{end}-t_1)\rho_r}{T}$$

设计小时热水量为：

$$q_{rh}=\frac{Q_h}{(t_{end}-t_1)C\rho_r}$$

对于辅助热源系统，每日使用时间取 24h，小时变化系数取 3.50，可知设计小时耗热量为 236730kJ/h，设计小时热水量为 1085L/h。

根据上述计算结果，本例选用两台容积式燃气热水器作为辅助热源。

（6）控制系统

控制系统采用全自动智能控制系统，具有高温断续循环防炸管、防冻循环、防冻保护、故障自动报警、定时加热、定温加热、开机自检、高温防烫、恒温供水、水箱低水位保护、短路保护、过流保护、漏电保护、漏气保护等功能，控制柜具有防雷击、防漏水等性能，条件许可或必要时可采用远程监控等功能。

3.2.3　太阳能热动力发电

（1）概念及原理

热动力发电是利用集热装置收集太阳的辐射能并用来加热工质，推动热力机械进行循环做功来发电的间接光电转换的过程。

（2）系统构成

太阳能热动力发电系统包括集热系统、热传输系统、蓄热和热交换系统以及发电系统（图 3.9）。

① 集热系统。是把太阳辐射能收集并作为热能的装置，主要由聚光器、接收器和太阳跟踪装置组成。聚光器有抛物面型、线型、固定的多条槽型、菲涅耳透镜型、塔式

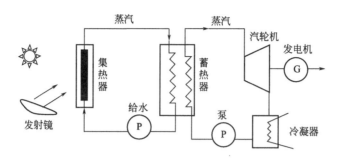

图 3.9　太阳能热动力发电系统的构成

聚光集热器等结构，对于大中型太阳能热电站，一般采用塔式聚光系统，其聚光比为 100~1000，能够得到比较高温度的热能。

② 热传输系统。对于分散式太阳能热动力发电系统，一般是把许多单元集热器串、并联起来组成集热器方阵，热量由传热介质（一般选用在工作温度下为液体的加压水或有机流体）通过管道传输到蓄热器。分散式发电系统的输热管道较长，集中式发电系统管道可以缩短，但却要把传热介质送到塔顶，要消耗动力。为减少热损失，可以在输热管道外面包一层绝热材料，如陶瓷纤维、聚氨基甲酸酯海绵，也可以利用高效率的热管。

③ 蓄热和热交换系统。为保证热动力发电系统在阴雨天、夜间等能连续稳定地发电，需设置蓄热装置。由于蓄热时间越长，设备就越庞大，投资越高。因此一般是蓄热装置能提供 2~3h 的满负荷运行，同时在夜间采用常规能源（锅炉）供热，即混合系统。

④ 发电系统。用于热动力发电系统的动力机械包括汽轮机、燃气轮机、低沸点工质汽轮机、斯特林热机等。它们可根据集热后经过蓄热和热交换系统供给汽轮机入口热能的温度来选择。一般大型太阳能热动力发电系统的工质温度较高，和火电系统基本相同，一般选用常规的汽轮机。工质温度超过 800℃时可选用燃气轮机。小功率或低温的发电系统常选用低沸点工质汽轮机（朗肯循环）或斯特林热机。

（3）塔式太阳能热动力发电系统

塔式太阳能热动力发电系统（图 3.10）利用独立跟踪太阳的定日镜群，将阳光聚集于塔顶接收器，其聚光倍率可超过 1000 倍，从而把吸收的太阳光能转化成热能，再将热能传递给工质，经过蓄热环节，再进入热力透平膨胀做功，并带动发电机发电输出电能。

塔式太阳能热动力发电系统主要由聚光子系统、集热子系统、蓄热子系统、发电子系统等部分组成。

当前，塔式太阳能热动力发电系统的关键技术主要集中在以下几个方面：

① 反射镜及其自动跟踪。由于这一发电方式要求高温、高压，对于太阳光的聚焦必须有较大的聚光比，需用千百面反射镜，并要有合理的布局，使其反射光都能集中到较小的集热器窗口。反射镜的反光率应在 90% 以上，自动跟踪太阳要同步。

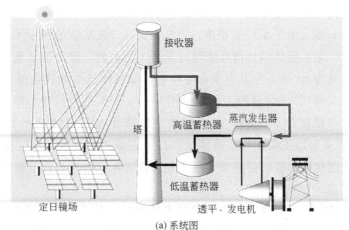

(a) 系统图

(b) 实景图

图 3.10　塔式太阳能热动力发电系统

② 接收器。也叫太阳能锅炉。要求体积小，换热效率高。有垂直空腔型、水平空腔型和外部受光型等类型。

③ 蓄热装置。应选用传热和蓄热性能好的材料作为蓄热工质。选用水汽系统有很多优点，因为工业界和使用者都很熟悉，有大量的工业设计和运行经验，附属设备也已商品化，但也有腐蚀问题等不足之处。对于高温的大容量系统来说，可选用钠做传输工质，它具有优良的导热性能，可在 $3000 kW/m^2$ 的热流密度下工作。

3.3　太阳能光电利用

3.3.1　光伏效应基本原理

太阳能光伏电池发电是利用部分半导体材料在光照射下产生光伏效应的直接光电转换过程。

太阳能电池是利用半导体 pn 结的光生电动势效应（或称光伏效应）将太阳能直接

转换成电能的器件。

半导体可分为 n 型（电子型）半导体和 p 型（空穴型）半导体。导电主要以电子决定的半导体称为 n 型（电子型）半导体，导电主要以空穴决定的半导体称为 p 型（空穴型）半导体。在一块半导体晶体薄片上通过某种工艺，使一部分呈 p 型，另一部分呈 n 型，它们的界面处为 pn 结，它具有单向导电性。以晶体硅太阳能电池为例。一般以硅半导体材料制成大面积 pn 结进行工作。采用 n+/p 同质结的结构，即在 $10cm \times 10cm$ 面积的 p 型硅片（厚度约 $500\mu m$）上用扩散法制作出经过重掺杂的 n 型层（厚度约 $0.3\mu m$）。然后在 n 型层上面制作金属栅线，作为正面接触电极，同时在整个背面也制作金属膜作为背面接触电极，这样就形成了晶体硅太阳能电池。为了减少反射损失，一般在表面上再覆盖一层减反射膜。

光生电动势效应或光伏效应是指光照射半导体时，激发自由电子和空穴分别漂移，聚集在两端电极上而产生光生电动势，接上负载就可产生光生电流。

当太阳光照射到 pn 结时，只要太阳光入射光子的能量大于半导体材料的禁带宽度，则在半导体内的电子由于获得光能而释放电子，并产生电子-空穴对，在势垒电场（即 pn 结的两侧形成的内建电场）的作用下，电子向 n 型区移动，空穴向 p 型区移动，从而使 n 型区有过剩的电子，而 p 型区有过剩的空穴，则在 pn 结附近形成了光生电场。光生电场一部分抵消了与之方向相反的势垒电场，其余部分使 n 型区带负电，p 型区带正电，这样在 n 型区和 p 型区之间的薄层产生了光生电势，这一现象称为光伏效应。当外接负载时就产生了电流，如图 3.11 所示。太阳能光伏电池如图 3.12 所示。

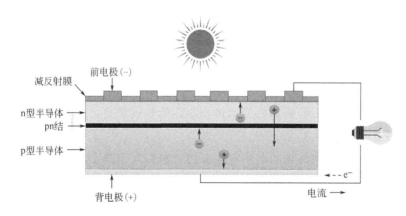

图 3.11　太阳能光伏发电原理示意

3.3.2　太阳能电池参数

（1）太阳能电池性能参数

如前所述，太阳能光伏电池的工作原理是基于光伏效应。当光照射太阳能光伏电池时，将产生一个由 n 区到 p 区的光生电流 I_{ph}。同时，由于 pn 结二极管的特性，存在二极管电流 I_D，此电流方向从 p 区到 n 区，与光生电流相反。因此，实际获得的电流 I 为：

图 3.12　太阳能光伏电池

$$I = I_{ph} - I_D = I_{ph} - I_0 \left[\exp\left(\frac{qV_D}{nk_BT}\right) - 1\right] \tag{3.16}$$

式中　I——实际获得的电流，A；

　　I_{ph}——与入射光的强度成正比的光生电流，A，其比例系数由太阳能光伏电池的
　　　　　结构和材料的特性决定；

　　I_D——二极管电流，A；

　　I_0——二极管反向饱和电流，A；

　　V_D——结电压，V；

　　n——理想系数，是表示 pn 结特性的参数，其值通常在 1～2 之间；

　　q——电子电荷，C；

　　k_B——玻尔兹曼常数，$k_B = 1.380649 \times 10^{-23} J/K$；

　　T——热力学温度，K。

　　若忽略太阳能光伏电池的串联电阻，V_D 即为太阳能光伏电池的端电压 V，则上式
变为：

$$I = I_{ph} - I_0 \left[\exp\left(\frac{qV}{nk_BT}\right) - 1\right] \tag{3.17}$$

式中　V——太阳能光伏电池的端电压，V。

　　当光伏电池的输出端短路时，$V=0$，由式(3.17)可得到短路电流 I_{sc}：

$$I_{sc} = I_{ph} \tag{3.18}$$

式中　I_{sc}——太阳能光伏电池的短路电流，A。

　　即太阳能光伏电池的短路电流等于光生电流，它与入射光的强度成正比。

　　当太阳能光伏电池的输出端开路时，$I=0$，由式(3.17)和式(3.18)可得到开路
电压：

$$V_{oc} = \frac{nk_BT}{q}\ln\left(\frac{I_{sc}}{I_0} + 1\right) \tag{3.19}$$

式中 V_{oc}——开路电压（断路电压），V。

当太阳能光伏电池接上负载 R 时（可以从零到无穷大），所得的负载伏安特性曲线如图 3.13 所示。

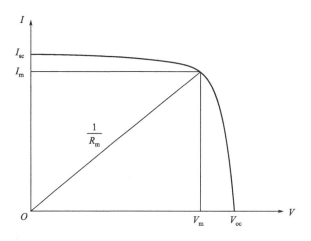

图 3.13 太阳能光伏电池的负载伏安特性曲线

若最佳负载为 R_m 时使太阳能光伏电池的功率输出最大，它对应的最大功率 P_m 为：

$$P_m = I_m V_m \tag{3.20}$$

式中 P_m——最大输出功率，W；

I_m——最佳工作电流，A；

V_m——最佳工作电压，V。

将最大功率 P_m 与开路电压 V_{oc} 与短路电流 I_{sc} 乘积的比值定义为填充因子 FF，即：

$$FF = \frac{P_m}{V_{oc} I_{sc}} = \frac{V_m I_m}{V_{oc} I_{sc}} \tag{3.21}$$

式中 FF——填充因子。

FF 是评价太阳能电池输出特性的一个重要参数，其值越大则输出的功率越高，表明太阳能电池的输出特性越趋近于矩形，光电转换效率越高。

从几何意义讲，FF 是太阳能电池伏安特性曲线内所含最大功率面积与开路短路相应的矩形面积（理想形状）比较的量度。显然，FF 应尽可能接近 100%，但 pn 结特性会阻止它达到 100%。FF 的典型值通常处于 60%～85%。

影响填充因子的因素有入射光强、温度、材料特性（如禁带宽度），以及负载串、并联电阻等。其中，填充因子主要依赖于太阳能电池本身的材料特性和器件结构。此外，串联电阻越大、并联电阻越小，填充因子越小。

太阳能光伏电池的光电转换效率 η 定义为其最大输出功率 P_m 与照射到太阳能光伏电池的总辐射能 P_{in} 之比，即：

$$\eta = \frac{P_m}{P_{in}} \times 100\% \tag{3.22}$$

式中 η——太阳能光伏电池的光电转换效率；

P_m——太阳能光伏电池最大输出功率，W；

P_{in}——照射到光伏电池的太阳总辐射能，W。

部分工业常用的太阳能电池参数与组件规格如表 3.5 所列。

表 3.5 部分工业常用的太阳能电池参数与组件规格

指标/型号	LR6-60PE305W	TSM-250PC05A	ATP-60
峰值功率 P_m/W	305	250	60
开路电压 V_{oc}/V	40.2	38.0	21.5
峰值功率点工作电压 V_{mp}/V	33.0	30.3	17.0
短路电流 I_{sc}/A	9.94	8.79	3.82
峰值功率点工作电流 I_{mp}/A	9.24	8.27	3.53
光电转换效率 η/%	18.7	15.3	18.0
工作温度/℃	−40～85	−45～80	−45～80
组件尺寸/mm	1650×991×40	1640×990×40	782×672×28
质量/kg	18.2	19.1	5.5

注：标准测试条件为大气质量 AM1.5，辐照度 1000W/m²，电池温度 25℃，功率公差±3%。

（2）太阳能电池效率影响因素

高效的太阳能光伏电池需要有高的短路电流 I_{sc}、开路电压 V_{oc} 和填充因子。这些参数决定了太阳能光伏电池的光电转换效率。光电转换效率通常也受以下条件或因素的影响。

① 禁带宽度。大于禁带宽度的能量被半导体本征吸收，产生电子-空穴对，形成光生电流。禁带宽度变小时，有更多的能量能被半导体本征吸收，产生更多的电子-空穴对，因而光生电流和短路电流增大。禁带宽度的减小还会引起本征载流子浓度指数增加。

本征载流子浓度为本征半导体材料中自由电子和自由空穴的平衡浓度，常用值为300K 时的浓度值，其计算式为：

$$n_i^2 = N_c N_v \exp\left(-\frac{E_g}{k_0 T}\right) \tag{3.23}$$

式中 n_i——本征载流子浓度，m⁻³ 或 cm⁻³；

N_c——导带有效状态密度，是与半导体材料和温度有关的常数；

N_v——价带有效状态密度，是与半导体材料和温度有关的常数；

E_g——禁带宽度，J 或 eV；

k_0——玻尔兹曼常数，$k_0=1.380649\times10^{-23}$J/K；

T——热力学温度，K。

本征载流子浓度的增加又会引起反向饱和电流的增加：

$$I_{01} \propto qA n_i^2 \left(\frac{D_n}{L_n N_A} + \frac{D_p}{L_p N_D}\right) \tag{3.24}$$

式中 I_{01}——反向饱和电流，A/m^2 或 A/cm^2；

　　q——电子电量，C；

　　A——截面面积，m^2 或 cm^2；

　　n_i——本征载流子浓度，m^{-3} 或 cm^{-3}；

　　D_n——空穴扩散系数，m^2/s 或 cm^2/s；

　　D_p——电子扩散系数，m^2/s 或 cm^2/s；

　　L_n——空穴扩散长度，m 或 cm；

　　L_p——电子扩散长度，m 或 cm；

　　N_A——施主浓度，m^{-3} 或 cm^{-3}；

　　N_D——受主浓度，m^{-3} 或 cm^{-3}。

反向饱和电流的增加会降低开路电压 V_{oc}。所以禁带宽度的降低一方面能增大光生电流，另一方面又降低开路电压，所以存在一个最佳的半导体禁带宽度使得效率最大化。

典型的太阳能光伏电池光电转换效率随禁带宽度的变化如图 3.14 所示。

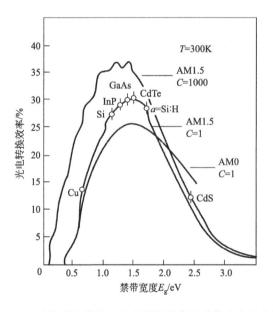

图 3.14　太阳能光伏电池光电转换效率随禁带宽度的变化

② 温度。本征载流子浓度增加提高了暗饱和电流，导致开路电压 V_{oc} 的下降。暗饱和电流还包含其他受温度影响的参数（扩散系数 D、寿命 τ、表面复合速率 S），但温度与本征载流子浓度的依赖关系占主导。本征载流子浓度：

$$n_i = 2(m_n^* m_p^*)^{3/4} \left(\frac{2\pi k_0 T}{h^2} \right)^{3/2} \exp\left(-\frac{E_g}{2k_0 T} \right) \tag{3.25}$$

式中 n_i——本征载流子浓度，m^{-3} 或 cm^{-3}；

　　m_n^*——空穴有效质量，kg；

m_p^*——电子有效质量，kg；

k_0——玻尔兹曼常数，$k_0 = 1.380649 \times 10^{-23}$ J/K；

h——普朗克常数，$h = 6.625 \times 10^{-34}$ J·s；

T——热力学温度，K；

E_g——禁带宽度，J 或 eV。

一般有效质量与温度成弱的函数关系，温度对半导体的禁带宽度有直接影响，经验表达式为：

$$E_g(T) = E_g(0) - \frac{\alpha T^2}{T + \beta} \tag{3.26}$$

式中　$E_g(T)$——T 温度时的禁带宽度，J 或 eV；

　　　$E_g(0)$——0K 温度时的禁带宽度，J 或 eV；

　　　　　T——热力学温度，K；

　　　　　α——吸收系数，m^{-1} 或 cm^{-1}；

　　　　　β——光子角通量。

随着温度的上升半导体的禁带宽度变小。与上述的分析一样，禁带宽度降低尽管提高了短路电流但同时又会降低开路电压 V_{oc}。在一般的工作条件下，短路电流受温度影响较小。而开路电压与温度之间的依赖关系可近似表示为：

$$\frac{dV_{oc}}{dT} = \frac{V_{oc} - E_g(0)/q}{T} - \gamma \frac{k_0 T}{q} \tag{3.27}$$

式中　V_{oc}——开路电压，V；

　　　　　T——热力学温度，K；

　　　$E_g(0)$——0K 温度时的禁带宽度，J 或 eV；

　　　　　q——电子电量，C；

　　　　　γ——地球-太阳仰角，(°)；

　　　　　k_0——玻尔兹曼常数，$k_0 = 1.380649 \times 10^{-23}$ J/K。

这表示随着温度的升高，V_{oc} 近似线性下降，光伏电池效率降低。对于硅光伏电池，有 $dV_{oc}/dT = -2.3$ mV/℃，这与实验结果非常一致。所以在一定的温度内，温度每增加 1℃，V_{oc} 下降室温值的 0.4%，η 也因此降低大约同样的百分数。例如，一个硅电池在 20℃ 时转换效率为 20%，当温度升到 120℃ 时，转换效率仅为 12%。又如 GaAs 电池，温度每升高 1℃，V_{oc} 降低 1.7mV 或转换效率降低 0.2%。

③ 少数载流子复合寿命。少数载流子寿命越长将使 I_{sc} 增大。少数载流子长寿命也会减小暗电流并增大 V_{oc}。基区少数载流子对 I_{sc}、V_{oc} 和 FF 都有影响。短的寿命意味着少数载流子在基区中的扩散长度远小于基区的厚度，输运过程中基本上被复合了，扩散不到背电极，收集不到光生载流子。扩散长度远小于基区长度时，可写为：

$$I_{01,n} = qA \frac{D_n n_i^2}{L_n N_A} \tag{3.28}$$

式中　$I_{01,n}$——反向饱和电流，A/m^2 或 A/cm^2；

　　　　　q——电子电量，C；

A——截面面积，m^2 或 cm^2；

D_n——空穴扩散系数，m^2/s 或 cm^2/s；

n_i——本征载流子浓度，m^{-3} 或 cm^{-3}；

N_A——P 区中的掺杂浓度，m^{-3} 或 cm^{-3}；

L_n——P 区中的扩散长度，m 或 cm。

可见，少数载流子寿命增加，L_n 增大，暗饱和电流减小，有利于提高 V_{oc}。同时 I_{sc} 和 FF 都相应增大。扩散长度远大于基区长度时，载流子基本上都能扩散到背电极，I_{sc} 趋于饱和。少数载流子寿命长的关键，是在材料制备和电池生产过程中要避免形成复合中心。在加工过程中，适当进行工艺处理，可使复合中心移走，从而延长少数载流子寿命。

④ 光强。将阳光聚集于太阳能电池，可使用一个小的太阳能电池产生出大量的电能。如果光强被浓缩为原来的 n 倍，单位电池面积的电流密度（J_{sc}）将增加 n 倍（忽略温度的影响），同时 V_{oc} 也随着增加 $(kT/q)\ln(n)$ 倍，因而输出功率将增加。因此，聚光的结果是能够提高转换效率。

⑤ 掺杂浓度及剖面分布。掺杂浓度越高则 V_{oc} 越大。一种称为重掺杂效应的现象近年来已引起较多的关注。在高掺杂浓度下，由于能带结构变形及电子统计规律的变化，所有方程中的 N_D 和 N_A 都应以有效掺杂浓度 $(N_D)_{eff}$ 和 $(N_A)_{eff}$ 代替。用很高的 N_D 和 N_A 不但没有好处，而且随着掺杂浓度增加，有效掺杂浓度趋于饱和甚至会下降，特别是在高掺杂浓度下，寿命还会减短。

在硅太阳能电池中，一般硅掺杂浓度约为 $10^{16} cm^{-3}$，在直接带隙材料太阳能电池中约为 $10^{17} cm^{-3}$。为了减小串联电阻，前扩散区的掺杂浓度经常高于 $10^{19} cm^{-3}$，因此，重掺杂效应在扩散区是较为重要的。

⑥ 表面复合速率。低表面复合速率有助于提高 I_{sc}，并由于 I_0 的减小而使 V_{oc} 改善。一种称为背表面场电池的设计是在沉积金属接触之前，在电池的背面先扩散一层 p＋附加层，在 p/p＋结处的电场妨碍电子朝背表面流动。

在 p/p＋界面存在一个电子势垒，它容易做到欧姆接触，在这里电子也被复合。在 p/p＋界面处的复合速率可表示为：

$$S_n = \frac{N_A D_n^+}{N_A^+ L_n^+} \coth \frac{W_p^+}{L_n^+} \tag{3.29}$$

式中　S_n——p/p＋界面处的复合速率，m/s 或 cm/s；

N_A^+——p＋区中的掺杂浓度，m^{-3} 或 cm^{-3}；

D_n^+——p＋区中的扩散系数，m^2/s 或 cm^2/s；

L_n^+——p＋区中的扩散长度，m 或 cm；

W_p^+——p＋区中的耗尽层宽度，m 或 cm。

如果 $W_p^+=0$，则 $S_n=\infty$；如果 W_p^+ 与 L_n^+ 相当，且 $N_A^+ \gg N_A$，则 S_n 可以估计为零。当 S_n 很小时，J_{sc} 和 η 都会出现一个峰值。

⑦ 串联电阻。在实际太阳能电池中，都存在着串联电阻。其来源可以是引线、金

属接触栅或电池体电阻。通常情况下，串联电阻主要来自薄扩散层。pn 结收集的电流必须经过表面薄层再流入最靠近的金属导线，这就是一条存在电阻的路线。显然，通过金属线的密布可使串联电阻减小。串联电阻 R_s 的影响是会改变伏安曲线的位置。

⑧　金属栅线和光反射。太阳能电池前表面的金属栅线不能透过阳光，因此要使 I_{sc} 最大，金属栅线占有的面积应最小。为使 R_s 减小，一般将金属栅线做成又密又细的形状。

因为有太阳光反射的存在，不是全部光线都能进入硅中。裸硅片表面的反射率约为 35%。使用减反射膜可降低反射率。对于垂直投射到电池上的单色波长的光，用一种厚为 1/4 波长、折射率为 $n^{1/2}$（n 为硅的折射率）的涂层能使反射率降为零。采用多层涂层能得到更好效果。

3.3.3　太阳能电池材料及其技术经济性能

目前广泛使用的半导体材料有锗、硅、硒、砷化镓、磷化镓、锑化铟，其中以锗、硅材料的半导体生产技术最为成熟。

以上述材料为基础，太阳能电池材料主要有硅系太阳能电池（如单晶硅、多晶硅）、薄膜太阳能电池、纳米晶化学太阳能电池等。从材料外形特点方面分，可分为体材料和薄膜材料。单晶硅、多晶硅和非晶硅太阳能电池片见图 3.15。

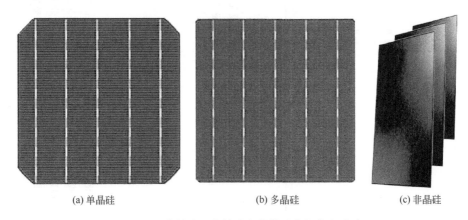

(a) 单晶硅　　　　　　　　　　(b) 多晶硅　　　　　　　　(c) 非晶硅

图 3.15　单晶硅、多晶硅和非晶硅太阳能电池片

常用太阳能电池的类型、材料、制备方法、关键技术性能指标、优缺点和商业化程度总结于表 3.6。

从发展趋势看，太阳能电池的发展总体上历经了三代。第一代太阳能电池主要是基于单晶硅，它是常见的太阳能电池板，通常都是用晶体硅材料制成的。不过制造高纯硅面临着造价高、耗能高等难题，这严重制约了硅基太阳能电池的商业应用范围。第二代太阳能电池主要指薄膜太阳能电池。它以非晶硅、铜铟镓硒薄膜、碲化镉薄膜为代表。这类太阳能电池最大的优点为成本低，缺点则是效率低，性能随使用时间的增长而衰退。第三代太阳能电池，也称作高性能薄膜太阳能电池或新概念太阳能电池。

表3.6　主要太阳能电池的类型与性能

名称	类型	材料	制备方法	关键技术性能指标	优缺点	商业化程度
硅系太阳能电池	单晶硅太阳能电池	单晶硅	印刷法	实验室单晶硅电池的转换效率最高达到24.7%,工业规模大批量生产可达到15%左右	优点:太阳能电池中转换效率最高;晶体结构规则有序,每个原子都占据理想地排列在预先确定的位置上,有清晰可见的价带结构,单晶硅的行为可预见且十分统一; 缺点:制造过程精确、缓慢,成本昂贵	技术最为成熟,占总太阳能电池市场的20%
	多晶硅太阳能电池	多晶硅	浇铸法、化学提纯法	规模化生产的商品多晶硅太阳能电池转换效率已达16%~19%	优点:制造成本较低,一般采用低等级的半导体多晶硅; 缺点:由于硅片是由多个不同大小、不同取向的晶粒构成,因此,多晶硅电池的转换效率比单晶硅转换效率低	应用最广,占总太阳能电池市场的60%
薄膜太阳能电池	多晶硅薄膜太阳能电池	多晶硅	化学气相沉积法,包括低压化学气相沉积(LPCVD)和等离子增强化学气相沉积(PECVD)工艺。此外,还有液相外延(LPE)法、溅射沉积法和金属诱导晶化法	Astro Power公司最高实验室效率达到16%。美国Astro Power公司采用LPE法制备的电池效率可达12.2%	优点:转换效率高,寿命长,工艺简单; 缺点:多晶硅薄膜电池的光电转换效率与硅体电池的转换效率还有一定的差距	多晶硅薄膜电池目前已达到了接近商业化的阶段,特别是多晶硅薄膜电池在集中在最近几年,并且这种进展均仍在持续进行

续表

名称	类型	材料	制备方法	关键技术性能指标	优缺点	商业化程度
薄膜太阳能电池	非晶硅薄膜太阳能电池	非晶硅	α-Si 可由活泼金属加热下还原四氯化硅，或应用碳等还原剂还原二氧化硅，采用辉光放电气相沉积法就可得到含氢的非晶硅薄膜	非晶硅的禁带宽度为1.7eV，稳定的电池效率达到了13%	优点：相对成本低、能量返回期短，大面积生产，高温性能好，短波响应优于晶体硅太阳能电池； 缺点：效率较低、光致衰减、稳定性问题，成本问题	最早商业化的薄膜电池，常被应用于小型消费产品中，如计算机、手表等户外产品。生产高潮期约占全球太阳能电池总量的20%
	多元化合物薄膜太阳能电池	铜铟镓硒	真空蒸发法、Cu-In合金膜的硒化处理法、Cu-In合金膜的硒化处理法（包括电沉积法和化学还原法）、封闭空间的气相输运（CSCVT）法、喷涂热解法、射频溅射法等	铜铟镓硒是一种直接带隙半导体材料，吸收率高达10⁵ cm⁻¹，铜铟镓硒薄膜太阳能电池的吸收层仅需1～29μm厚，就可将阳光全部吸收利用，电池效率达到15.4%	优点：制备态半导体工艺规避利用特质，光电转换效率居各类薄膜电池之首，电池发电稳定性好、弱光发电性能好，抗辐射能力强，可做柔性电池； 缺点：工艺复杂，关键原料的供应不足，缓冲层具有潜在的毒性，成本较高	限于成本，铜铟镓硒薄膜电池只能应用于高层次的不计工本的特殊场合，如太空、军事领域
		碲化镉	制备方法有升华、MOCVD、CVD、电沉积、丝网印刷、真空蒸发以及原子层外延等	小面积的CdTe薄膜太阳能电池转换效率达到了16.5%；商业组件的转换效率约为9%；组件的最高转换效率达到11%。国内四川大学制备的CdTe薄膜能电池转化效率达到了13.38%，目前正在进行0.1m²的组件的大面积电池生产线的建设和大面积电池生产技术的研发	优点：具有较高的理论效率，性能稳定，带隙1.5eV，吸收系数与可见光的光谱非常匹配； 缺点：碲储藏量是否能满足工业化规模生产和应用尚未可知，镉元素可能对环境造成污染	适用于高电压、低电流工作情况，可应用于航空器等的太阳能电池

续表

名称	类型	材料	制备方法	关键技术性能指标	优缺点	商业化程度
薄膜太阳能电池	多元化合物薄膜太阳能电池	砷化镓	大多用液相外延方法或金属有机化学气相沉积技术制备	实验室最高效率已达到24%以上，一般航天实用效率在18%～19.5%之间	优点：该电池材料具有高电子迁出率、宽禁带、直接带隙和低功耗特性，且砷化镓太阳电池可以得到较高的效率；缺点：受制备技术的影响，其成本高，产量受到限制	砷化镓基多结太阳能电池产品在国际市场上刚崭露头角，尚未进入国内市场
	有机半导体薄膜太阳能电池	有机半导体	旋涂技术、真空蒸镀、丝网印刷、热退火、喷雾涂布、挤压、图层印刷等		优点：有机半导体材料来源广泛，易得廉价，有机太阳能电池制备工艺更加灵活简单，产品便于装饰和应用；缺点：转换效率低，光谱响应范围小，电池稳定性不够	目前仍处于研究阶段，还未能进入实际应用
	染料敏化纳米薄膜太阳能电池	染料分子	由一种窄禁带半导体材料到另一种大能隙半导体材料上形成，组装到窄禁带半导体材料采用过渡金属 Ru 以及有机化合物敏化染料，大能隙半导体材料为纳米多晶 TiO_2 并制成电极	Gratzel 组开发的镀铂对电极柔性太阳能电池效率达到了 7.2%；日本夏普和 Arakawa 分别报道了 6.3% 和 8.4% 的效率	优点：低成本、制作工艺相对简单、室外具有稳定的效率；缺点：产业化方面，大面积、性能稳定的单体电池在制备难点，如何进一步提高电池的光电转换效率，开发高效的固态电解质以及寻找更好的光敏感染料都是有待解决的问题	目前在我国，已制备出效率接近 6% 的 15cm×20cm 电池组件，组装了 45cm×80cm 的电池板，并建成 500W 太阳能电池发电站的示范电站

太阳能电池在开发新材料时有两个重要的技术经济指标需要考量：一个是成本；另一个是效率。从图 3.16 可以看出，若太阳能电池的光电转换效率能提高到 20％以上，电池的供电成本就有大幅度下降的可能。因此，进一步提高转换效率成为第三代太阳能电池发展的关键。

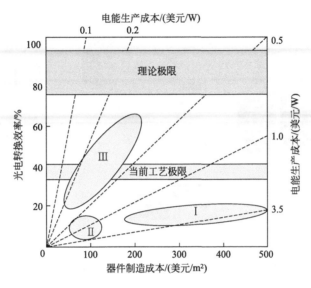

图 3.16　三代太阳能电池效率与成本的关系

Ⅰ—单晶硅电池；Ⅱ—薄膜电池；Ⅲ—高级薄膜电池

经过多年的发展，目前硅基太阳能电池的效率已经得到了极大提升，美国国家可再生能源实验室公布的世界太阳能电池认证效率显示，硅基太阳能电池效率已经达到 27％。在薄膜太阳能电池日渐兴起的今天，铜铟镓硒（CIGS）薄膜太阳能电池几乎占据了主要份额。

最近，作为第三代太阳能电池的代表之一的钙钛矿太阳能电池崭露头角，不断刷新了光电转化效率的纪录，目前已经超过 22％。在晶硅电池等成本偏高的时期，其一度被视为"光伏成本大幅下降的新星"，具有广阔发展前景。

钙钛矿电池是一种有机-无机复合型的，以 MAPbX3 为吸光材料，配合电子和空穴传输材料的新型太阳能电池。其封装前的厚度仅有数微米，远薄于非晶硅、CIGS 等传统薄膜太阳能电池，成本也仅是其他太阳能电池组件的 1/3，因此业内将钙钛矿太阳能电池命名为超薄膜太阳能电池。钙钛矿太阳能电池不仅拥有第一代太阳能电池高转化效率的特点，还有第三代太阳能电池薄膜柔性化的特点，以及可用溶液法卷对卷生产的优势。

钙钛矿薄膜太阳能电池具有十分广阔的发展前景。目前，钙钛矿太阳能电池正在深入研究当中，在现有技术基础上进一步降低成本、提高效率和稳定性、推进其工业与商业化是其必然的发展趋势。

3.3.4　光伏发电系统构成

一个典型的太阳能电池发电系统由太阳能单电池组成的电池阵、蓄电池组、控制器、负载等组成。负载可以是直流负载，也可以是交流负载（需要逆变器），如图 3.17 所示。

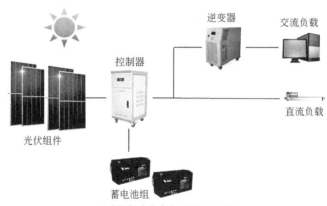

(a) 太阳能光伏发电系统组成示意

(b) 太阳能光伏发电系统实景图

图 3.17　太阳能光伏发电系统

（1）电池阵

它是由若干太阳能电池组件根据电性要求按照串联、并联方式组合构成的，它还包括了支架接线盒等。对于千瓦级以上的光伏发电系统，光伏发电方阵一般要分为几个子方阵，光伏方阵的功能是把捕获的太阳辐射能直接转换成直流电能后输出。集中型太阳能光伏系统的容量可达 $100 \sim 6000kW \cdot h$，输出功率为 $10 \sim 500kW$，输出电压为 $300 \sim 1000V$。

（2）蓄电池组

又称贮能装置。离网型光伏发电系统大部分使用铅酸蓄电池或硅胶蓄电池作为贮能部件，有些场合采用镉镍蓄电池。贮能装置通常由若干块蓄电池组构成。集中型太阳能光伏系统的蓄电池容量可达 $500 \sim 20000kW \cdot h$，采用日循环方式，使用寿命可达 15~

20 年。

（3）控制器

又称调控装置。不同光伏发电系统中的调控装置各不相同。较简单的装置功能有防止反充或隔离、防过充、防过放、稳压等，稍复杂的功能还有自动监测、控制、转换、电压调节和频率调节等。在交流负载中蓄电池组与负载之间必须配备逆变器。逆变器是把光伏发电方阵或蓄电池组供给的直流电逆变成 220V 或 380V 交流电以供给负载。用于这种目的的逆变器一般应满足：电压精度在 ±2% 以内，频率精度在 ±1% 以内，波形畸变率 <3%～5%，效率 >80%，噪声 <60dB，寿命 >10a。

（4）负载

由于光伏发电系统成本较高，一般希望用电器的效率较高或节能。负载可以是直流负载也可以是交流负载，一般应选用效率较高的负载。

对于并网发电系统，还需要把光伏发电系统连接到公共交流电网上，需要通过连接保护装置把逆变器的输出端与公共交流电网并网。

3.3.5　太阳能光伏发电系统设计

（1）太阳能电池组件及方阵系统的设计方法

太阳能电池组件的设计就是满足负载年平均日用电量的需求。所以，设计和计算太阳能电池组件功率大小的基本方法就是用负载平均每天所需要的用电量（单位为 Wh 或 Ah）为基本数据，以当地太阳能辐射资源参数如峰值日照时间（以 h 计）、年辐射总量等为参照数据，并结合一些相关因素数据或系数进行综合计算。

在设计和计算太阳能电池组件或组件方阵时，一般可选定尺寸符合要求的电池组件，然后根据该组件峰值功率、峰值工作电流和日发电量等数据，进行设计计算，并确定电池组件的串、并联数及总功率。

（2）太阳能电池组件设计

计算太阳能电池组件的基本方法是用负载平均每天所消耗的电量（Ah）除以选定的电池组件在一天中的平均发电量（Ah），就算出了整个系统需要并联的太阳能电池组件数量。这些组件的并联输出电流就是系统负载所需要的电流。

在此过程中，需要考虑实际太阳能电池组件的功率衰降。包括电流在转化储存过程中由发热、蒸发导致的蓄电池的充电效率衰减（一般按 90%），组件因功率衰减、线路损耗以及尘埃覆盖等造成的功率衰减（一般按 90%），以及如采用交流系统需考虑逆变器的转换效率等因素（一般按 80%～95%）。

基于上述考量，太阳能电池组件的并联数 N_P 为：

$$N_P = \frac{P}{C_1 C_2 C_3 P_e} \tag{3.30}$$

其中：

$$P_e = I_{e,\max} t \tag{3.31}$$

式中 N_P——太阳能电池组件的并联数；

P——负载日平均用电量，Ah；

P_e——组件日平均发电量，Ah；

$I_{e,max}$——组件峰值工作电流，A；

t——峰值日照时间，h；

C_1——充电效率系数，取值 0.9；

C_2——组件功率衰减系数，取值 0.9；

C_3——逆变器转换效率系数，取值 0.8～0.95。

上述系数具体可根据实际情况进行调整。

太阳能电池组件的串联数 N_S 为：

$$N_S = 1.43V/V_{e,max} \tag{3.32}$$

式中 N_S——太阳能电池组件的串联数；

V——系统工作电压，V；

$V_{e,max}$——组件峰值工作电压，V。

系数 1.43 是太阳能电池组件峰值工作电压与系统工作电压的比值。例如在工程实践中，为工作电压 12V 的系统供电或充电的太阳能电池组件的峰值电压通常是 17～17.5V，为工作电压 24V 的系统供电或充电的峰值电压通常是 34～34.5V。因此为方便计算，用系统工作电压乘以 1.43 就是该组件或整个方阵的峰值电压近似值。例如，假设某光伏发电系统工作电压为 48V，选择了峰值工作电压为 17.0V 的电池组件，计算电池组件的串联数 $N_S = 1.43 \times 48 \div 17 = 4.03 \approx 4$（块）。

根据电池组件的并联数和串联数，太阳能电池组件（方阵）的总功率 W（W）为：

$$W = N_P N_S W_e \tag{3.33}$$

式中 W——太阳能电池组件（方阵）的总功率，W；

W_e——选定组件峰值输出功率，W。

【例 3.2】 设某地建设一个为移动通信基站供电的太阳能光伏发电系统，该系统采用直流负载，负载工作电压为 48V，用电量为每天 150Ah，该地区最低的光照辐射是 1 月份，其倾斜面峰值日照时间是 3.5h，选定 125W 太阳能电池组件，其主要参数为峰值功率 125W、峰值工作电压 34.2V、峰值工作电流 3.65A，计算太阳能电池组件使用数量及太阳能电池方阵的组合设计。

解：根据上述条件，并确定组件损耗系数为 0.9，充电效率系数也为 0.9。因该系统是直流系统，故暂不考虑逆变器的转换效率系数。则：

电池组件并联数：

$$N_P = \frac{150}{3.65 \times 3.5 \times 0.9 \times 0.9} = 14.49（块）$$

电池组件串联数：

$$N_S = \frac{48 \times 1.43}{34.2} = 2（块）$$

根据以上计算数据，采用就高不就低的原则，确定电池组件并联数是 15 块，串联数是 2 块。也就是说，每 2 块电池组件串联连接，15 串电池组件再并联连接，共需要 125W 电池组件 30 块构成电池方阵，连接方式如图 3.18 所示。

该电池方阵总功率：

$$W = 15 \times 2 \times 125 = 3750(\text{W})$$

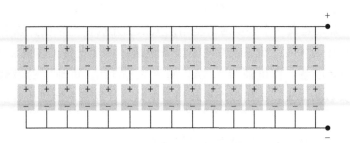

图 3.18　该设计太阳能电池方阵串并联示意

（3）蓄电池组件设计

蓄电池的设计主要包括蓄电池容量的设计计算和蓄电池组串并联组合的设计。在光伏发电系统中，考虑到技术成熟度和成本等因素，目前大多使用铅酸蓄电池。

蓄电池容量 P_R（Ah）为：

$$P_R = (C_4/C_5)Pt_r/D_{max} \tag{3.34}$$

式中　P——负载日平均用电量，Ah/d；

　　　t_r——连续阴雨天数，d；

　D_{max}——最大放电深度，浅循环取 0.5，深度循环取 0.75，碱性镍镉蓄电池取 0.85，一般为 0.5～0.75；

　　　C_4——放电率修正系数，一般取值为 0.8～0.95；

　　　C_5——低温修正系数，由于蓄电池的标称容量一般都是在环境温度 25℃时标定的，随着温度的降低，0℃时的容量下降到标称容量的 90%～95%，−10℃时下降到标称容量的 80%～90%，−20℃时下降到标称容量的 70%～80%，因此一般取 $C_5 = 0.7～0.95$。

为了达到系统的工作电压和容量，就需要把电池串并联起来给系统和负载供电，需要串联的蓄电池个数就是系统的工作电压除以所选电池的标称电压（如 2V、6V、12V 等），需要并联的蓄电池数就是电池组的总容量除以所选定电池单体的标称容量（如 50Ah、300Ah、1200Ah 等）。

蓄电池的串联数 N_{RS} 为：

$$N_{RS} = \frac{V}{V_S} \tag{3.35}$$

式中　V——系统工作电压，V；

　　　V_S——蓄电池标称电压，V。

蓄电池的并联数 N_{RP} 为：

$$N_{RP} = P_R / P_S \qquad\qquad (3.36)$$

式中　P_R——蓄电池总容量，Ah；

　　　P_S——蓄电池标称容量，Ah。

应当注意，一般在实际应用中要尽量选择大容量的电池以减少并联的数目。这样做的目的是尽量减少各电池之间的不平衡所造成的影响。并联的组数越多，发生电池不平衡的可能性就越大。一般要求并联的蓄电池数量不得超过 4 组。

【例 3.3】 某地建设一个移动通信基站的太阳能光伏供电系统，该系统采用直流负载，负载工作电压为 48V。该系统有两套设备负载：一套设备工作电流为 1.5A，每天工作 24h；另一套设备工作电流为 4.5A，每天工作 12h。该地区的最低气温是 20℃，最长连续阴雨天数为 6 天，选用深度循环型蓄电池，计算蓄电池组的容量和串并联数量及设计连接方式。

解：根据上述条件，并确定最大放电深度系数为 0.6，低温修正系数为 0.7。根据资料确定放电率修正系数为 0.85。

将数据代入相关公式，先计算负载日平均用电量为：

$$1.5 \times 24 + 4.5 \times 12 = 90 (Ah)$$

再计算负载蓄电池（组）容量为：

$$\frac{90 \times 6 \times 0.85}{0.6 \times 0.7} = 1092.86 (Ah)$$

然后根据计算结果和蓄电池手册参数资料，可选择 2V/600Ah 蓄电池或 2V/200Ah 蓄电池，这里选择 2V/600Ah 型。

则蓄电池串联数为：

$$N_{RS} = \frac{48}{2} = 24 (块)$$

蓄电池并联数为：

$$N_{RP} = \frac{1092.86}{600} = 1.82 \approx 2 (块)$$

蓄电池总数为：

$$N_R = 24 \times 2 = 48 (块)$$

根据以上计算结果，共需要 2V/600Ah 蓄电池 48 块构成蓄电池组，其中每 24 块串联后，再 2 串并联。

思考题

1. 简述太阳的物理化学性质、结构组成及热力学特性。

2. 给出我国太阳能的分布图及评判依据。

3. 简述平板型太阳能集热器的主要结构及其功能。

4. 查阅中国某一省市的气象资料，评判其属于哪一类太阳能区域。在此基础上试计算其太阳辐射通量（MJ），注意计算过程中需说明数据选取原则。

5.简述太阳能热水器设计的一般方法和流程。

6.图示并简述太阳能光伏效应的主要原理。

7.太阳能电池等效电路中，开路电压和短路电流如何计算？

8.太阳能电池光电转换效率如何计算？

9.常用的太阳能电池材料有哪些？

10.简述太阳能电池的分类及其在结构、原理、性能参数上的异同。

11.图示并描述太阳能光伏发电系统。

12.简述太阳能光伏电池组件设计的一般方法和流程。

参考文献

[1]　苏亚欣.新能源与可再生能源概论 [M].北京：化学工业出版社，2006.

[2]　王革华.新能源技术概论 [M].2 版.北京：化学工业出版社，2011.

[3]　邵理堂，刘学东，孟春站.太阳能热利用技术 [M].镇江：江苏大学出版社，2014.

[4]　代彦军，葛天舒.太阳能热利用原理与技术 [M].上海：上海交通大学出版社，2018.

[5]　邵理堂，李银轮.新能源转换原理与技术：太阳能 [M].镇江：江苏大学出版社，2016.

[6]　朱敦智，刘君.太阳能热利用基础 [M].北京：中国电力出版社，2017.

[7]　戎向阳，司鹏飞，石利军，等.太阳能供暖设计原理与实践 [M].北京：中国建筑工业出版社，2021.

[8]　肖刚，倪明江，岑可法，等.太阳能 [M].北京：中国电力出版社，2019.

[9]　孙如军，卫江红.太阳能热利用技术 [M].北京：冶金工业出版社，2019.

[10]　贺金玉，陈洁，袁家普.太阳能热水工程 [M].北京：清华大学出版社，2014.

[11]　赵文智，颜凯，盛国强.太阳能热水系统工程设计及案例 [M].北京：中国电力出版社，2018.

[12]　卫江红，梁宏伟，赵岩，等.太阳能采暖设计技术 [M].北京：清华大学出版社，2014.

[13]　朱宁，李继民，王新红，等.太阳能供热采暖技术 [M].北京：中国电力出版社，2017.

[14]　布莱恩·诺顿.太阳能热利用 [M].饶政华，刘刚，刘江维，译.北京：机械工业出版社，2017.

[15]　住房和城乡建设部工程质量安全监管司，中国建筑标准设计研究院.全国民用建筑工程设计技术措施　给水排水 [M].北京：中国计划出版社，2009.

[16]　中华人民共和国住房和城乡建设部.民用建筑太阳能热水系统应用技术标准：GB 50364—2018 [S].北京：中国建筑工业出版社，2018.

[17]　中华人民共和国国家质量监督检验检疫总局.太阳能热水系统设计、安装及工程验收技术规范：GB/T 18713—2002 [S].北京：中国标准出版社，2002.

[18]　国家市场监督管理总局，国家标准化管理委员会.太阳能集热器性能试验方法：GB/T 4271—2021 [S].北京：中国标准出版社，2021.

[19]　国家市场监督管理总局，国家标准化管理委员会.真空管型太阳能集热器：GB/T 17581—2021 [S].北京：中国标准出版社，2021.

[20]　中华人民共和国住房和城乡建设部.建筑物防雷设计规范：GB 50057—2010 [S].北京：中国标准出版社，2010.

[21]　中华人民共和国住房和城乡建设部.建筑给水排水设计标准：GB 50015—2019 [S].北京：中国计划出版社，2019.

[22]　沈阳市城乡建设委员会.建筑给水排水及采暖工程施工质量验收规范：GB 50242—2002 [S].北京：中国标

准出版社，2001.

[23] 高援朝，曹国璋，王建新.太阳能光热利用技术 [M].北京：金盾出版社，2015.

[24] 胡晓花，袁家普，孙如军.平板太阳能技术及应用 [M].北京：清华大学出版社，2014.

[25] 姚俊红，刘共青，卫江红.太阳能热水系统及其设计 [M].北京：清华大学出版社，2014.

[26] 岑幻霞.太阳能热利用 [M].北京：清华大学出版社，1997.

[27] 王慧，胡晓花，程洪智.太阳能热利用概论 [M].北京：清华大学出版社，2013.

[28] 谢建，李永泉.太阳能热利用工程技术 [M].北京：化学工业出版社，2011.

[29] 何梓年.太阳能热利用 [M].合肥：中国科学技术大学出版社，2009.

[30] 宋金标，徐培，张波，等.太阳能热水系统的设计与应用研究 [J].中国设备工程，2021 (15)：113-114.

[31] 黄建华，向钠，齐锗亮.太阳能光伏理化基础 [M].北京：化学工业出版社，2017.

[32] 李英姿.太阳能光伏并网发电系统设计与应用 [M].北京：机械工业出版社，2013.

[33] 杨金焕，汪乐，于化丛，等.太阳能光伏发电应用技术 [M].北京：电子工业出版社，2013.

[34] 李钟实.太阳能光伏发电系统设计施工与应用 [M].北京：人民邮电出版社，2019.

[35] 施钰川.太阳能原理与技术 [M].西安：西安交通大学出版社，2009.

[36] 周志敏，纪爱华.太阳能光伏系统设计与工程实例 [M].北京：中国电力出版社，2016.

[37] 周志敏，纪爱华.太阳能光伏发电系统设计与应用实例 [M].北京：电子工业出版社，2013.

[38] 薛春荣，钱斌，江学范，等.太阳能光伏组件技术 [M].北京：科学出版社，2015.

[39] 靳瑞敏.太阳能光伏应用：原理·设计·施工 [M].北京：化学工业出版社，2017.

[40] Muneer T，Maubleu S，Asif M. Prospects of solar water heating for textile industry in Pakistan [J]. Renewable and Sustainable Energy Reviews，2006，10 (1)：1-23.

第4章

生 物 质 能

生物质是一切直接或间接利用绿色植物进行光合作用而形成的有机物质资源，它包括世界上所有的动物、植物和微生物以及由这些生物产生的排泄物和代谢物。生物质能就是太阳能以化学能形式贮存在生物质中的能量形式，即以生物质为载体的能量。截至2020年，我国生物质能源发电总装机达到 $2.952\times10^7\,kW$，占全部电源 1.4%；年发电量 $1.326\times10^{11}\,kW\cdot h$，占全部电源发电量的 1.8%。生物天然气年产能达到 $1.5\times10^8\,m^3$，生物质清洁供暖面积达到 $3.0\times10^8\,m^2$，成型燃料年产量 $2\times10^7\,t$，已成为重要的新能源与可再生能源形式之一。随着生物质发电快速发展，生物质发电在我国可再生能源发电中的比重呈逐年稳步上升态势。截至2020年年底，我国生物质发电累计装机容量占可再生能源发电装机容量的 3.2%；总发电量占比上升至 6.0%。生物质能发电的地位不断上升，逐渐成为我国可再生能源利用中的新生力量。本章将介绍生物质能的多种能源化利用方式的原理、工艺、运行与系统。

4.1　生物质能概述

4.1.1　生物质能的概念与特征

生物质能是太阳能以化学能形式蕴藏在生物质中的一种能量形式，它直接或间接地来源于植物的光合作用，是以生物质为载体的能量。生物质能具有以下特点：

（1）资源丰富、形式多样、分布广泛

我国具有丰富的生物质资源，生物质资源种类多样，广泛分布于南北方平原、山区和丘陵地带以及城市、农村的各个地方。据中国产业发展促进会生物质能产业分会发布的蓝皮书显示，当前我国主要生物质资源年产生量约为 $3.494\times10^9\,t$，生物质资源作为能源利用的开发潜力为 $4.6\times10^8\,tce$。

截至2020年，我国秸秆理论资源量约为 $8.29\times10^8\,t$，可收集资源量约为 $6.94\times10^8\,t$，其中，秸秆燃料化利用量 $8.8215\times10^7\,t$；可利用林业剩余物总量 $3.5\times10^8\,t$，能源化利用量为 $9.604\times10^6\,t$；畜禽粪便总量达到 $1.868\times10^9\,t$（不含清洗废水），沼气利

用粪便总量达到 $2.11 \times 10^8 t$；我国生活垃圾清运量为 $3.1 \times 10^8 t$，其中垃圾焚烧量为 $1.43 \times 10^8 t$；废弃油脂年产生量约为 $1.0551 \times 10^4 t$，能源化利用量约为 $5.276 \times 10^5 t$；污水污泥年产生量干重为 $1.447 \times 10^7 t$，能源化利用量约为 $1.1469 \times 10^6 t$。

我国生物质资源量现状见图 4.1。

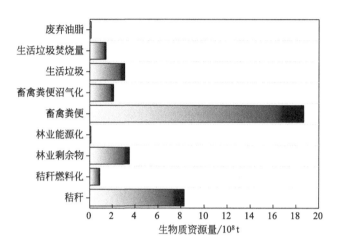

图 4.1　我国生物质资源量现状

（2）可再生性和循环性

自然界中的碳循环是生物质可循环性和可再生性的重要纽带，CO_2 和生物质载体存在相互转化、相互依存的关系，使生物质资源呈现可持续性的显著特征。生物质能的碳循环过程如图 4.2 所示。

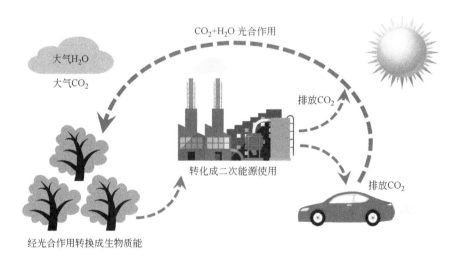

图 4.2　生物质能的碳循环过程示意

（3）清洁性

由于生物质本体硫、氮含量较低，因此在能源转化过程中对外排放的 SO_x、NO_x 相对于化石燃料要少得多。

（4）近零碳排放性

由于生物质本身是依靠光合作用汲取了大气中 CO_2 而形成的，因此在利用过程中不对体系外产生净的 CO_2 排放。据统计，目前我国生物质资源量能源化利用量约 $4.61×10^8 t$，各类途径的利用包括生物质发电、生物质清洁供热、生物质天然气、生物质液体燃料、化肥替代等，共实现碳减排量约为 $2.18×10^8 t$。

随着经济发展和消费水平不断提升，我国生物质资源产生量呈不断上升趋势，总资源量年增长率预计维持在 1.1% 以上。到 2030 年，我国生物质总资源量将达到 $3.795×10^9 t$，生物质能各类途径的利用将为全社会减碳超过 $9×10^8 t$。预计到 2060 年我国生物质资源量将达到 $5.346×10^9 t$。若结合生物能源与碳捕获和储存（BECCS）技术，到 2060 年各类生物质能利用将为全社会减碳超 $2×10^9 t$。将为"碳达峰、碳中和"做出巨大减排贡献。

同时，生物质能一般也存在水分高、热值低、元素 P 及碱金属元素 K 含量高，以及有时分散、收集运输成本高等缺点。

4.1.2 生物质能的分类

按照生物质的具体来源，生物质能主要分为以下几类：农业生物质、林业生物质、畜禽粪便、生活有机垃圾和工业有机废弃物、能源植物等。具体生物质能分类如表 4.1 所列。

表 4.1 生物质能分类

类别	具体类型
农业生物质	秸秆(包括水稻、小麦、玉米秸秆等)、玉米芯、稻壳、花生壳、甘蔗渣等
林业生物质	木屑、刨花、薪柴、枝丫、柴草等
畜禽粪便	畜禽排泄物等
生活有机垃圾和工业有机废弃物	生活有机垃圾和工业有机废水、废渣等
能源植物	能源作物和水生植物(如微藻)等

在这些类别中，来源最广、储量最大、易于规模化利用的生物质是农业生物质和林业生物质这两大类。

农业生物质资源包括农作物秸秆如水稻秸秆、小麦秸秆和玉米秸秆等，以及农业加工废弃物如花生壳、玉米芯、稻壳和甘蔗渣等。据统计，我国主要农业生物质的可利用总量约为 $5×10^8 t$，排名前三的地区分别是山东、河南、河北，而秸秆类农业生物质资源利用的主要方向为 24% 用于饲用、15% 用于还田、2.3% 用于工业，剩余的约 60% 用于露地燃烧或薪柴。因此，我国的农业生物质的应用潜力巨大。

表 4.2 生物质的化学组成及属性

成分	结构式	化学组成与属性	化学性质
纤维素（占生物质的40%~50%）	（纤维素结构式）	β-D-葡萄糖基通过 1-4 糖苷键连接起来的线型高分子化合物，其分子式为 $(C_6H_{10}O_5)_n$	白色物质，不溶于水，无还原性，水解一般需要浓酸或稀酸在加压下进行，水解可得纤维四糖、纤维三糖、纤维二糖，最终产物是 D-葡萄糖
半纤维素（占生物质的20%~40%）	（半纤维素结构式）	多糖单元组成的一类多糖，其主链由木聚糖、半乳聚糖或甘露糖组成，支链上带有阿拉伯糖或半乳糖	半纤维素前驱物是糖核苷酸
木质素（占生物质的10%~25%）	（木质素结构式）	由苯丙烷单元通过醚键和碳-碳键连接的复杂的无定形高聚物	植物界中仅次于纤维素的最丰富的有机高聚物，它和半纤维素一起作为细胞之间、微细纤维之间的胶黏剂，加固木化组织的细胞壁，也存在于细胞间层，把相邻的细胞黏结在一起

续表

成分	结构式	化学组成与属性	化学性质
淀粉	D-葡萄糖分子聚合而成的化合物，通式为 $(C_6H_{10}O_5)_n$	D-葡萄糖分子聚合而成的化合物，通式为 $(C_6H_{10}O_5)_n$	在细胞中以颗粒状态存在，按其结构可分为胶淀粉和糖淀粉。胶淀粉约占淀粉的 80%，为支链淀粉，由 1000 个以上的 D-葡萄糖以 α-1,4 键连接，并带有 α-1,6 键连接的支链，分子量 5 万～10 万，可在热水中膨胀成黏胶状，糖淀粉约占淀粉的 20%，为直链淀粉，由约 300 个 D-葡萄糖以 α-1,4 键连接而成，分子量为 1 万～5 万，可溶于热水
蛋白质	（结构式）	由多种氨基酸组成，分子量从几千到百万以上。氨基酸主要由 C、H 和 O 元素组成，其种类有 20 余种 N 和 S 元素	是构成细胞质的重要物质，约占细胞总干重的 60% 以上，以多种形式存在于细胞壁中，成固体状态，生理活性较稳定，可以分为结晶和无定形的蛋白质
脂质	（结构式）	主要化学元素是 C、H 和 O，有的脂类还含有 P 和 N，分为中性脂肪、磷脂、类固醇和萜类等。图为一种甘油酯的分子结构式	是不溶于水而溶于非极性溶剂的一大类有机化合物，是细胞中含能量最高而体积最小的储藏物质，在常温下为液态的称为油，固态的称为脂

林业生物质能源发展潜力巨大。我国现有森林面积 $2.08 \times 10^8 hm^2$（$1hm^2 = 10000m^2$），生物质总量超过 $1.80 \times 10^{10} t$。可利用的林业生物质能资源主要有三类：一是木质纤维原料，包括薪炭林、灌木林和林业"三剩物"等，总量约有 $3.5 \times 10^8 t$；二是木本油料资源，我国林木种子含油率超过 40% 的乡土植物有 150 多种，其中油桐、光皮树、黄连木等主要能源林树种的自然分布面积超过 $10^6 hm^2$，不仅具有良好的生态作用，还可年产 $10^6 t$ 以上果实，全部加工利用可获得约 $4 \times 10^5 t$ 的生物柴油；三是木本淀粉植物，如栎类果实、菜板栗、蕨根、芭蕉芋等，其中栎类树种分布面积达 $1.610 \times 10^7 hm^2$，以每亩（1 亩 $= 666.7m^2$）产果 $100kg$ 计算，每年可产果实 $2.415 \times 10^7 t$，全部加工利用可生产燃料乙醇约 $6 \times 10^6 t$。这些丰富的林业生物质资源，不仅可以为林业生物能源可持续发展提供良好的物质基础，而且可利用空间很大，可为缓解国家能源危机、调整和优化能源结构、实现能源可持续供给提供有力的资源保障。

4.1.3 生物质的化学组成

从化学构成角度而言，生物质是有机物质之一，是多种复杂的高分子有机化合物组成的复合物。其主要成分包括纤维素、半纤维素、木质素、淀粉、蛋白质、脂质等，如表 4.2 所列。

4.2 生物质固体成型燃料

生物质的成型是其作为燃料使用的基本预处理方式和要求。

生物质成型过程是指将分散的、不规则的生物质固体原料通过机械压制等方法制备成具有固定形状和高密度固体燃料的过程（图 4.3）。其主要目的是制备生物质固体成型燃料以改善其燃烧性能（密度大、热值高、燃烧特性好）和降低储运成本（形状和性质均一、适应性强、便于装运）。

(a) 颗粒状成型燃料　　　　　(b) 棒（块）状成型燃料

图 4.3　生物质固体成型燃料外形

根据标准《生物质固体成型燃料技术条件》（NY/T 1878—2010），生物质固体成型燃料按使用原料分为木本类和草本类以及其他类。木本类包括木材加工后的木屑、刨花、树皮、树枝、竹子等工业、民用建筑木质剩余物；草本类包括芦苇、各种作物秸秆（如小麦秸秆、玉米秸秆、大豆秸秆、棉花秸秆）、果壳（如花生壳、稻壳）、甘蔗渣及酒糟等有机加工剩余物；其他类包括能够粉碎并能压制成成型燃料的固体生物质。生物质固体成型燃料按形状分为颗粒状燃料（指直径或横截面尺寸小于等于 25mm 的生物质成型燃料，英文名称 biofuel pellet）和棒（块）状燃料（指直径或横截面尺寸大于 25mm 的生物质成型燃料，英文名称 biofuel briquette）。

　　生物质固体成型燃料的基本性能要求包括成型燃料的几何外形尺寸、密度、含水率、灰分、热值、破碎率等质量指标，应符合表 4.3 的规定。

表 4.3　生物质固体成型燃料基本性能要求

项目	颗粒状燃料		棒（块）状燃料	
	草本类	木本类	草本类	木本类
直径或横截面最大尺寸 D/mm	≤25	≤25	>25	>25
长度/mm	≤4D	≤4D	≤4D	≤4D
密度/(kg/m³)	≥1000	≥1000	≥800	≥800
含水率/%	≤13	≤13	≤16	≤16
灰分含量/%	≤10	≤6	≤12	≤6
低位发热量/(MJ/kg)	≥13.4	≥16.9	≥13.4	≥16.9
破碎率/%	≤5	≤5	≤5	≤5

　　生物质固体成型燃料的标志、包装、运输与贮存要求应符合相关技术规范，包括应标明产品名称、型号规格、厂名、厂址、净重（含误差允许范围）、执行标准号、贮存要求、生产日期及本标准要求标志的性能指标。颗粒状生物质成型燃料应进行包装，采用覆膜编织袋、塑料密封袋、覆膜纸箱等具有一定防潮和微量透气能力的包装物等进行包装，有条件的也可用集装箱。棒（块）状生物质成型燃料可以散装，也可以包装。运输时，要防雨、防火、避免剧烈碰撞；散装产品要采用密闭运输。产品的贮存场地应具有防水、防火等措施，包装产品码放整齐，散装产品贮存时应注意防尘。

　　生物质压缩成型过程受到多种因素的制约，包括原料种类、粒度、含水率、成型压力、温度和黏结剂（如无机黏结剂水泥、黏土等，有机黏结剂焦油、沥青、树脂、淀粉，以及废纸浆、水解纤维）等物理化学参数。

　　生物质固体燃料成型工艺的主要工段环节包括旋切、粉碎、干燥、制粒、冷却、打包。已经能够实现自动化连续稳定生产。其一般工艺流程如图 4.4 所示。

　　例如，一套 5～7t/h 的生物质秸秆成型颗粒生产设备的工艺流程为：粉碎工段将生物质秸秆（小麦秆、玉米秆、芦苇秆、稻草秆、油菜秆等各种农作物秸秆）先经旋切机筛分至 3～5cm，再由锤片粉碎机细粉成细草屑，尺寸为 3～4mm。粉碎设备为旋切机（2 台，功率 75kW，设计产量 4～5t/h）和粉碎机（2 台，功率 132kW，设计产量 4～5t/h）。然后进入干燥工段，将水分含量 40% 的原料烘干到水分含量 15% 左右，干燥设备采用三层滚筒烘干机（滚筒直径 3.45m，长度 11.6m，功率 22kW，设计产量 6t/h）。再进入制粒工段，生物质成品颗粒直径 6～10mm 可选，制粒设备采用立式环模制粒机（主机功率 90kW，设计产量 0.8～1.2t/h，数量 6 台），环模采用平装结构，从进料口直接进入压制室。最后进入冷却打包工段，用于降低颗粒温度和减少颗粒水分，冷却之

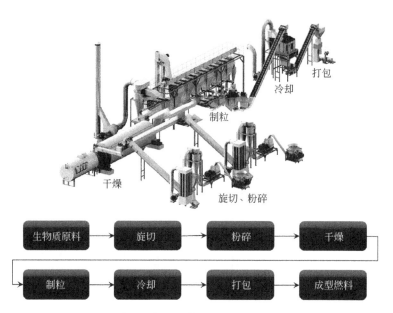

图 4.4 典型生物质固体成型燃料成型工艺流程

后的颗粒温度一般不高于室温 5℃，冷却后颗粒水分含量为 8%～10%，颗粒容重 650～750kg/m³，冷却设备冷却容积 4m³，设计产量 6～8t/h。打包设备规格为小包 20～50kg/包或大包 500～1000kg/包可选，打包速度 3～5 包/min。整个系统设备总功率约为 1250kW，车间占地面积约 3000m²，包含原料库和成品库。

4.3 生物质热化学转化——燃烧

生物质的转化利用途径主要包括物理转化、热化学转化、化学转化和生物转化等，可以转化为相应的二次能源，如热能或电力、固体燃料、液体燃料和气体燃料等。生物质热化学转化主要包括燃烧、气化、热解与液化等。

4.3.1 生物质燃烧基础

生物质的直接燃烧是最简单的热化学转化工艺。生物质在空气中燃烧是利用不同的过程设备将贮存在生物质中的化学能转化为热能、机械能或电能。生物质燃烧产生的热气体温度在 800～1000℃之间。

4.3.1.1 固体生物质燃料特性及表征

典型固体生物质的密度为 400～900kg/m³，低位发热量为 15.6～22.6MJ/kg。根据《固体生物质燃料工业分析方法》（GB/T 28731—2012），基于空气干燥基（以下标 ad 表示）的固体生物质的工业分析表达结果为：

$$FC_{ad} + V_{ad} + A_{ad} + M_{ad} = 100\%$$ （4.1）

元素分析的表达结果为：

$$C_{ad}+H_{ad}+O_{ad}+N_{ad}+S_{ad}+A_{ad}+M_{ad}=100\% \tag{4.2}$$

式中　FC_{ad}——固定碳质量百分含量；

　　　V_{ad}——挥发分质量百分含量；

　　　A_{ad}——灰分质量百分含量；

　　　M_{ad}——水分质量百分含量；

　　　C_{ad}——碳元素质量百分含量；

　　　H_{ad}——氢元素质量百分含量；

　　　O_{ad}——氧元素质量百分含量；

　　　N_{ad}——氮元素质量百分含量；

　　　S_{ad}——硫元素质量百分含量。

一些典型生物质的工业分析和元素分析如表 4.4 所列。

表 4.4　一些典型生物质的工业分析和元素分析

生物质	工业分析				元素分析					低位发热量
	$FC_{ad}/\%$	$V_{ad}/\%$	$A_{ad}/\%$	$M_{ad}/\%$	$C_{ad}/\%$	$H_{ad}/\%$	$O_{ad}/\%$	$N_{ad}/\%$	$S_{ad}/\%$	$Q_{net,ad}$ /(MJ/kg)
小麦秸秆	18.57	63.90	10.40	7.13	40.68	5.91	35.05	0.65	0.18	15.740
玉米芯	13.46	70.81	6.35	9.38	42.71	4.87	35.29	1.12	0.28	16.071
稻壳	25.10	51.98	16.92	6.00	35.34	5.43	35.36	1.77	0.09	13.380
松木屑	15.82	74.60	3.47	6.11	45.76	6.73	37.85	0.07	0.01	15.410
花生壳	17.99	68.48	4.69	8.84	43.53	6.54	34.04	2.24	0.12	16.280
稻草	14.54	67.77	13.56	4.13	38.09	6.15	37.31	0.70	0.06	13.670

4.3.1.2　生物质燃烧的物理化学过程

生物质燃料的燃烧过程是燃料和空气间的传热和传质过程，从本质上讲生物质燃料燃烧机理属于静态渗透式扩散燃烧。由于生物质燃料特性的不同，导致生物质燃料在燃烧过程中的燃烧机理、反应速率以及燃烧产物的成分与燃煤相比不尽相同。生物质燃烧具有着火温度低（一般为 300℃ 左右）、挥发分析出温度低（一般为 180～370℃）以及易结焦且结焦温度低（一般为 800℃ 左右）的特点。

典型的生物质燃烧的理化过程包括预热干燥阶段（即水分蒸发阶段）、挥发分析出燃烧阶段、焦炭燃烧阶段和燃尽阶段，如图 4.5 所示。这四个阶段在燃烧过程中大多情况下都是串行的，也有部分是重叠进行的，并无严格的界限，其所需时间也与燃料的种类、成分及燃烧方式有关。

第一阶段：水分蒸发阶段（约 180℃）。在温度逐渐升高时，燃料中的水分会不断地蒸发，从而使燃料具有较好的干燥性，有效确保生物质燃料燃烧的充分性，有利于吸热增温。

第二阶段：挥发分析出燃烧阶段（180～370℃）。此阶段挥发分大量析出，并在 300℃ 左右着火剧烈燃烧。在炉膛内温度继续升高时，生物质燃料表面的挥发分则会以

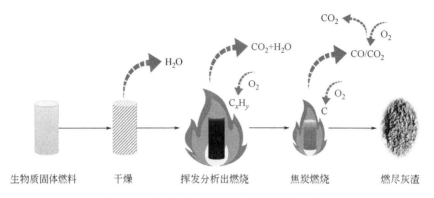

图 4.5 典型生物质固体成型燃料燃烧过程

气体的形式被析出，当挥发分具备温度和浓度这两个前提条件时则会着火燃烧。其累积释放的热量进一步向生物质燃料内部进行传递和扩散，进而析出生物质内层的挥发分，并使其与氧气充分混合后继续燃烧，释放出大量的热量，并形成火焰。取决于氧量充足情况，挥发分的燃烧产物不同。氧量不足时为受限燃烧模式，产物主要为 CO 和 CH_4；氧量充足时为充分燃烧模式，产物主要为 CO_2 和 H_2O；介于两者之间时为非充分燃烧模式，产物主要为 CO、CH_4、CO_2 和 H_2O。

第三阶段：焦炭燃烧阶段（370～620℃）。随着挥发分的不断燃烧减少，焦炭与氧气进行接触并开始燃烧，焦炭在燃烧过程中会有大量的灰分产生，这些灰分会对焦炭的燃烧产生一定的阻碍作用，此时需要加强湍动以确保炉膛氧气环境从而有效促进焦炭充分燃烧。按照双模燃烧模型，在层内主要进行 C 的燃烧（$C+1/2O_2 \longrightarrow CO$）；在灰壳球表面进行 CO 的燃烧（$CO+1/2O_2 \longrightarrow CO_2$），形成较厚灰壳。

第四阶段：燃尽阶段。燃尽灰渣不断加厚，可燃物基本燃尽，在没有强烈干扰的情况下形成整体的灰渣，灰渣表面几无火焰，通常呈暗红色。

4.3.1.3 生物质燃烧特性及燃烧反应动力学

生物质燃烧特性通常采用热重-微商热重（thermogravimetric-derivative thermogravimetry，TG-DTG）分析曲线表征，获得其着火温度、最大燃烧速率及其对应温度、燃尽温度等参数，使用综合燃烧特性指数评价生物质燃料的燃烧特性。

典型的农业生物质燃烧过程的 TG 和 DTG 曲线如图 4.6 所示。

综合燃烧特性指数定义为：

$$S_N = \frac{(dm/dt)_{max}(dm/dt)_{mean}}{T_i^2 T_h} \tag{4.3}$$

式中　$(dm/dt)_{max}$——最大燃烧速率，%/min；

$(dm/dt)_{mean}$——平均燃烧速率，%/min，$(dm/dt)_{mean}=-\beta(\alpha_i-\alpha_h)/(T_i-T_h)$；

m——燃烧过程中 t 时刻生物质试样质量，g；

T_i——着火温度，K；

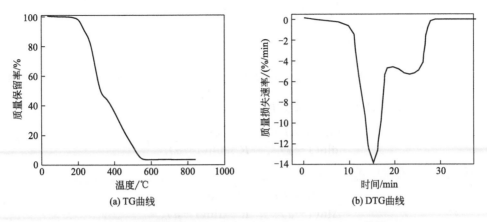

(a) TG曲线　　　　　　　　(b) DTG曲线

图 4.6　典型的农业生物质燃烧过程的 TG 和 DTG 曲线

T_h——燃尽温度，K；

β——升温速率，K/min；

α_i——试样着火时质量分数，%；

α_h——试样燃尽时质量分数，%。

一般地，综合燃烧特性指数越大，表明生物质燃烧特性越好。

为进一步描述和表征生物质燃烧反应的过程，需要刻画其反应动力学。生物质燃烧反应动力学参数的确定通常采用差减微分法（Freeman-Carroll 法）求解。该方法是从热重曲线获得动力学参数的常用方法，适用于直接测定质量及其变化率发生变化的反应。

生物质燃烧是一个固体热分解失重的反应过程，其反应符合形如 A(s)→B(s)＋C(g) 的形式。热分解变化率即失重率 $\alpha=(m_0-m)/(m_0-m_\infty)$，其中，$m_0$ 为生物质样品反应前的初始质量，g；m 为生物质样品发生热分解 t 时刻的质量，g；m_∞ 为生物质燃烧后的残余质量，g。则生物质表观反应动力学（热分解速率）可表示为：

$$\frac{d\alpha}{dt}=kf(\alpha) \tag{4.4}$$

式中　k——反应速率常数；

$f(\alpha)$——取决于生物质燃烧过程反应机理的函数。

对于式(4.4)，根据 Arrhenius 方程：

$$k=A\exp[-E_a/(RT)] \tag{4.5}$$

另根据 Freeman-Carroll 法，函数 $f(\alpha)$ 可用下式表示：

$$f(\alpha)=(1-\alpha)^n \tag{4.6}$$

式中　A——指前因子，min^{-1}；

E_a——活化能，kJ/mol；

R——气体状态常数，8.314J/(mol·K)；

n——反应级数。

引入升温速率与反应时间的线性关系即 $dT=\beta dt$，代入得：

$$\frac{\mathrm{d}\alpha}{\mathrm{d}T} = \frac{A}{\beta}(1-\alpha)^n \exp\left[-E_a/(RT)\right] \tag{4.7}$$

对式（4.7）两边取对数后进行差分得：

$$\ln\left(\frac{\mathrm{d}\alpha}{\mathrm{d}T}\right) = -E_a/(RT) + \ln\left(\frac{A}{\beta}\right) + n\ln(1-\alpha) \tag{4.8}$$

对式（4.8）取 $\mathrm{d}\left[(\ln(1-\alpha)\right]$ 微分得：

$$\frac{\mathrm{d}\ln(\mathrm{d}\alpha/\mathrm{d}T)}{\mathrm{d}\ln(1-\alpha)} = \frac{-E_a}{R}\frac{\mathrm{d}(1/T)}{\mathrm{d}\ln(1-\alpha)} + n \tag{4.9}$$

式（4.9）以差分形式可表示为：

$$\frac{\Delta\ln(\mathrm{d}\alpha/\mathrm{d}T)}{\Delta\ln(1-\alpha)} = \frac{-E_a}{R}\frac{\Delta(1/T)}{\Delta\ln(1-\alpha)} + n \tag{4.10}$$

令 $y = \Delta\ln(\mathrm{d}\alpha/\mathrm{d}t)/\Delta\ln(1-\alpha)$，$x = \Delta(1/T)/\Delta\ln(1-\alpha)$，则式（4.10）可视为形如 $y = ax + b$ 形式的一次函数，对 y-x 作图为一直线，其斜率为 $-E_a/R$，截距为反应级数 n。然后将所得活化能 E_a 和反应级数 n 代入式（4.7）可得指前因子 A。

4.3.1.4 生物质燃烧过程影响因素

与一般燃烧反应的情况相似，生物质完全充分燃烧的影响因素也可以概括为"BA3T"。

"B"指生物质燃料（biomass）本身的特性，主要是生物质物理化学性质，包括工业分析组成、化学组成和粒度等。通常，用于燃烧的固态生物质大多为木本类生物质，与煤相比较，生物质体积大密度小、非成型条件下形状不规则、发热量低、水分含量和灰含量较高、碱金属含量较高。因此，为保证生物质燃烧设备在运行时具有高效、经济和安全的特点，通常需要进行压缩成型以提高其燃烧性能。高的水分含量导致其热值降低；高的灰分含量也导致其热值和燃烧速率与温度的降低，并引起灰熔化结渣和炉膛腐蚀现象的加剧。此外，生物质颗粒尺寸越小，比表面积越大，燃烧反应越快，因此在保障燃烧性能的前提下应尽量使得燃料颗粒尺寸最小化。

"A"指空气条件（air），由于燃烧反应本身是伴有发光发热的剧烈的氧化还原反应，氧气是首要的保障条件。当燃烧处于氧气量不足的环境时，生物质燃烧不充分，造成燃烧技术性和经济性下降；但过量空气也会造成炉膛温度降低和燃烧不稳定。因此，控制最佳的过量空气系数是保证生物质燃烧稳定、高效和环保的前提。

"3T"分别指燃烧温度（temperature）、燃烧时间（time）和湍流混合条件（turbulence），它们都是保障完全充分燃烧必需的条件。

① 燃烧温度：燃烧温度是影响生物质燃料燃烧最直接的因素，在充分考虑焦炭结渣问题的前提下，最大程度地提高炉膛温度，才能加快生物质燃料的燃烧反应速率。

② 反应时间：由于生物质燃烧也属于化学反应范畴，因此燃烧氧化还原反应需要维系一定的时间。这就要求生物质燃料燃烧过程需要有充足的反应时间，从而确保燃料燃烧的充分性和完全性。

③ 湍流混合条件：也称为气固混合比。在生物质燃烧过程中，由于氧气会扩散到燃料颗粒的表面，这样处于燃烧中的燃料内层的灰分会逐渐显露出来，并对没有完全燃

烧的炭形成包裹效应，不利于炭的完全燃烧。这种情况下，则需要通过增强湍流来保障气固充分混合，从而将包裹的没有完全燃烧的炭剥离出来以便充分燃烧。

4.3.2　生物质燃烧计算

4.3.2.1　依据与原理

生物质的燃烧计算与煤燃烧相似，主要考虑以下几个方面。

（1）计算依据

燃烧计算的主要依据是生物质燃料的燃料特性，主要是成分分析，包括元素分析、工业分析和热值分析等。

（2）量值换算

量值换算主要是指质量与物质的量以及标态体积的换算关系。具体为：质量（kg）除以元素的原子量求得物质的量（kmol），物质的量乘以 22.4 为标态体积（m^3）。

（3）化学反应当量关系

生物质燃烧化学反应主要包括：

$$C+O_2 \longrightarrow CO_2+32860kJ/kg \tag{4.11}$$

$$S+O_2 \longrightarrow SO_2+9050kJ/kg \tag{4.12}$$

$$H+1/4O_2 \longrightarrow 1/2H_2O+120370kJ/kg \tag{4.13}$$

$$O \longrightarrow 1/2O_2 \tag{4.14}$$

$$N \longrightarrow 1/2N_2 \tag{4.15}$$

4.3.2.2　方法与过程

依据上述关系，生物质的燃烧计算方法与过程如下。

（1）理论空气量

理论空气量指单位质量（1kg）燃料燃烧所需的空气量，理论空气量 V^0（m^3）为：

$$V^0=\frac{1}{0.21}\times\left(\frac{22.4}{12}\times\frac{C_{ar}}{100}+\frac{22.4}{32}\times\frac{S_{ar}}{100}+\frac{22.4}{4}\times\frac{H_{ar}}{100}-\frac{22.4}{32}\times\frac{O_{ar}}{100}\right) \tag{4.16}$$

式中　V^0——理论空气量，m^3；

C_{ar}——收到基碳元素质量分数，%；

S_{ar}——收到基硫元素质量分数，%；

H_{ar}——收到基氢元素质量分数，%；

O_{ar}——收到基氧元素质量分数，%。

一般的燃烧设备在生物质燃烧过程中，为使燃料燃尽，实际供给的空气量总是要大于理论空气量，超过的部分为过量空气。实际空气量 V^a 与理论空气量 V^0 之比称为过量空气系数 α。

$$\alpha=V^a/V^0 \tag{4.17}$$

式中 α——过量空气系数；

V^a——实际空气量，m^3；

V^0——理论空气量，m^3。

根据上式则实际空气量为：$V^a=\alpha V^0$。锅炉燃烧在炉膛出口结束，该处过量空气系数对燃烧影响较大。一般设计时取生物质燃料 $\alpha=1.15\sim1.20$。

（2）理论烟气量

1kg 的燃料完全燃烧时产生的烟气量称为理论烟气量。理论烟气的组成成分为 CO_2+SO_2、H_2O 以及 N_2。

烟气中 C、S 反应产物三原子气体 CO_2+SO_2 体积 V_{RO_2}（m^3）为：

$$V_{RO_2}=\frac{22.4}{12}\times\frac{C_{ar}}{100}+\frac{22.4}{32}\times\frac{S_{ar}}{100} \tag{4.18}$$

烟气中水蒸气体积有 3 个来源：

① 来自煤中 H 元素反应产物的水蒸气体积（m^3）：

$$V_{H_2O}^H=\frac{22.4}{2}\times\frac{H_{ar}}{100} \tag{4.19}$$

② 来自煤中水分转换的水蒸气体积（m^3）：

$$V_{H_2O}^M=\frac{22.4}{18}\times\frac{M_{ar}}{100} \tag{4.20}$$

③ 来自煤理论空气量带入的空气含湿量转换的水蒸气体积（m^3）：

$$V_{H_2O}^a=0.0161V^0 \tag{4.21}$$

则可得烟气中水蒸气体积 V_{H_2O}（m^3）：

$$V_{H_2O}=\frac{22.4}{2}\times\frac{H_{ar}}{100}+\frac{22.4}{18}\times\frac{M_{ar}}{100}+0.0161V^0 \tag{4.22}$$

烟气中 N_2 体积，有 2 个来源：

① 来自煤中 N 元素等效转换而来的 N_2 体积（m^3）：

$$V_{N_2}^N=\frac{22.4}{28}\times\frac{N_{ar}}{100} \tag{4.23}$$

② 来自理论空气量中 N_2 体积（m^3）：

$$V_{N_2}^a=0.79V^0 \tag{4.24}$$

则可得烟气中 N_2 体积 V_{N_2}（m^3）：

$$V_{N_2}=\frac{22.4}{28}\times\frac{N_{ar}}{100}+0.79V^0 \tag{4.25}$$

则理论烟气量 V_y^0（m^3）为：

$$V_y^0=V_{RO_2}+V_{H_2O}+V_{N_2}$$
$$=\left(\frac{22.4}{12}\times\frac{C_{ar}}{100}+\frac{22.4}{32}\times\frac{S_{ar}}{100}\right)+\left(\frac{22.4}{2}\times\frac{H_{ar}}{100}+\frac{22.4}{18}\times\frac{M_{ar}}{100}+0.0161V^0\right)$$
$$+\left(\frac{22.4}{28}\times\frac{N_{ar}}{100}+0.79V^0\right)$$

$$\tag{4.26}$$

式中　V_y^0——理论烟气量，m^3；

　　V_{RO_2}——烟气中三原子气体 CO_2+SO_2 体积，m^3；

　　V_{H_2O}——烟气中水蒸气体积，m^3；

　　V_{N_2}——烟气中 N_2 体积，m^3。

（3）实际烟气量

实际燃烧过程中是在过量空气的条件下进行的。因此，烟气中除了理论烟气量外，还包含过量的空气量（即过量的 N_2+O_2），及其所带入的含湿量转化到烟气中的水蒸气量。

设过量空气系数为 α，则过量部分的空气量（也可视为过量部分的 N_2 和 O_2 之和）为：

$$\Delta V_a=(\alpha-1)V^0 \text{ 或 } \Delta V_a=\Delta V_{N_2}+\Delta V_{O_2}=0.79(\alpha-1)V^0+0.21(\alpha-1)V^0 \quad (4.27)$$

过量空气量所带入的含湿量转化到烟气中的水蒸气量为：

$$\Delta V_{H_2O}=0.0161(\alpha-1)V^0 \quad (4.28)$$

则实际烟气量为：

$$V_y=V_y^0+\Delta V_a+\Delta V_{H_2O}=V_y^0+(\alpha-1)V^0+0.0161(\alpha-1)V^0 \quad (4.29)$$

式中　V_y——实际烟气体积量，m^3；

　　V_y^0——理论烟气量，m^3；

　　ΔV_a——过量部分的空气量，m^3；

　　ΔV_{H_2O}——过量空气量所带入的含湿量转化到烟气中的水蒸气量，m^3。

（4）烟气焓值

在进行生物质锅炉热力计算时，通常需要根据烟气的温度求得烟气的焓值。烟气的焓是指 1kg 收到基燃料燃烧生成的烟气量，在等压下从温度 0℃加热到 T℃所需要的热量。对于气体，通常将 $1m^3$ 气体的焓值称为比焓，单位是 kJ/m^3。在锅炉热力计算中，通常以每 1kg 燃料为基准来计算焓值。在锅炉热力计算中，焓的单位为 kJ/kg。

实际烟气是多种气体的混合物，其比焓等于理论烟气比焓、过量空气比焓和飞灰比焓之和，即：

$$h_y=h_y^0+(\alpha-1)h_a^0+h_{fa} \quad (4.30)$$

其中：

$$h_y^0=V_{RO_2}c_{RO_2}T+V_{N_2}c_{N_2}T+V_{H_2O}c_{H_2O}T \quad (4.31)$$

$$h_a^0=V^0c_aT_a \quad (4.32)$$

$$h_{fa}=A_{ar}c_{fa}T/100 \quad (4.33)$$

式中　h_y——实际烟气比焓，kJ/kg 或 kJ/m^3；

　　h_y^0——理论烟气比焓，kJ/kg 或 kJ/m^3；

　　h_a^0——理论空气比焓，kJ/kg 或 kJ/m^3；

　　h_{fa}——烟气中飞灰比焓，kJ/kg 或 kJ/m^3，对于飞灰比焓，一般当飞灰含量非常高时才予以考虑；

T——温度，℃；

c——平均体积定压比热容，kJ/(m³·℃)。

【例 4.1】 采用某玉米秸秆生物质成型颗粒燃料进行燃烧发电。测得燃料收到基元素分析结果为：$C_{ar}=44.92\%$，$H_{ar}=5.77\%$，$O_{ar}=31.26\%$，$N_{ar}=0.98\%$，$S_{ar}=0.21\%$；工业分析结果为：$FC_{ar}=15.56\%$，$V_{ar}=67.58\%$，$A_{ar}=7.71\%$，$M_{ar}=9.15\%$。低位发热量为 15132kJ/kg。炉膛出口烟气温度为 800℃。求：理论空气量，$\alpha=1.2$ 时实际空气量、实际烟气量和烟气焓值。

解：根据上述条件，相关计算流程如下：

（1）理论空气量

$$V^0=\frac{1}{0.21}\times\left(\frac{22.4}{12}\times\frac{C_{ar}}{100}+\frac{22.4}{32}\times\frac{S_{ar}}{100}+\frac{22.4}{4}\times\frac{H_{ar}}{100}-\frac{22.4}{32}\times\frac{O_{ar}}{100}\right)$$
$$=0.0889\times(C_{ar}+0.375S_{ar})+0.265H_{ar}-0.0333O_{ar}$$
$$=0.0889\times(44.92+0.375\times0.21)+0.265\times5.77-0.0333\times31.26$$
$$=4.488(m^3/kg)$$

（2）理论烟气量

$$V_y^0=V_{RO_2}+V_{H_2O}+V_{N_2}$$
$$=\left(\frac{22.4}{12}\times\frac{C_{ar}}{100}+\frac{22.4}{32}\times\frac{S_{ar}}{100}\right)+\left(\frac{22.4}{2}\times\frac{H_{ar}}{100}+\frac{22.4}{18}\times\frac{M_{ar}}{100}+0.0161V^0\right)$$
$$+\left(\frac{22.4}{28}\times\frac{N_{ar}}{100}+0.79V^0\right)$$
$$=(0.01867\times44.92+0.007\times0.21)+(0.112\times5.77+0.0124\times9.15$$
$$+0.0161\times4.488)+(0.008\times0.98+0.79\times4.488)$$
$$=0.840+0.832+3.553$$
$$=5.225(m^3/kg)$$

（3）实际烟气量

$$V_y=V_y^0+\Delta V_a+\Delta V_{H_2O}$$
$$=V_y^0+(\alpha-1)V^0+0.0161(\alpha-1)V^0$$
$$=5.225+0.2\times4.488+0.0161\times0.2\times4.488$$
$$=6.137(m^3/kg)$$

（4）实际烟气比焓

炉膛出口温度为 800℃时，查表得 1m³ 烟气各成分的焓为：

$h_{CO_2}=1704.88$kJ/m³，$h_{N_2}=1093.6$kJ/m³，$h_{H_2O}=1334$kJ/m³，$h_a=1129.12$kJ/m³
则理论烟气比焓为

$$h_y^0=h_{CO_2}V_{RO_2}+h_{N_2}V_{N_2}^0+h_{H_2O}V_{H_2O}^0$$
$$=1704.88\times0.840+1093.6\times3.553+1334\times0.832$$
$$=6427.548(kJ/kg)$$

空气比焓为：

$$h_a^0 = h_a V^0$$
$$= 1129.12 \times 4.488$$
$$= 5067.491 (kJ/kg)$$

此外，本例忽略飞灰比焓，则实际烟气比焓为：

$$h_y = h_y^0 + (\alpha - 1) h_a^0$$
$$= 6427.548 + 0.2 \times 5067.491$$
$$= 7441.046 (kJ/kg)$$

4.3.3 生物质燃烧技术与工艺

生物质转化为电力主要有直接燃烧后用蒸汽进行发电和生物质气化发电两种。生物质燃烧方式主要分为单纯燃烧和生煤混烧（生物质与煤混合燃烧）两种方式。

① 单纯燃烧的生物质直接燃烧发电技术是最简单、最直接的能源化利用方式，已进入推广应用阶段。生物质直接燃烧技术即将生物质如木材直接送入燃烧室内燃烧，燃烧产生的能量主要用于发电或集中供热。生物质直接燃烧只需对原料进行简单的处理，可减少项目投资。

② 生煤混烧是一种综合利用生物质能和煤炭资源的合并策略，是一种能同时有效利用生物质资源、降低一次能源煤的耗量、减少污染排放的综合燃烧方式。在煤中掺入生物质后，可以改善煤的着火性能。在煤和生物质混烧时，最大燃烧速率有前移的趋势，同时可以获得更好的燃尽特性。生物质的发热量低，在燃烧的过程中放热比较均匀，单一煤燃烧放热几乎全部集中于燃烧后期。在煤中加入生物质后，可以改善燃烧放热的分布状况，对于燃烧前期的放热有增进作用，可以提高生物质的利用效率。

当前，生物质直接燃烧的工艺方式主要分为层状燃烧、悬浮燃烧和流化床燃烧。各种燃烧工艺的技术特点比较如表4.5所列。

表 4.5　生物质燃烧工艺的技术特点比较

燃烧工艺	代表性设备	结构示意	优点	缺点
层状燃烧	链条炉		通常小于 20MW，设备简单，系统投资低；运行成本低；烟气含尘浓度低；对灰分结渣较为敏感	需要特殊技术减排 NO_x；过量空气系数高，效率低；低负荷运行时，污染物排放浓度较高

燃烧工艺	代表性设备	结构示意	优点	缺点
悬浮燃烧	悬浮炉		过量空气系数高、效率高；高效的分阶段配风和良好混合，大幅度降低 NO_x 排放；负荷适应性强	限制燃料颗粒尺寸（<2mm）；耐火材料损害速率较快；需要额外的辅助燃烧器
流化床燃烧	循环流化床		对生物质燃料适应性广；燃烧强度高；床内传热能力强；属于低温燃烧，可以有效降低热力型 NO_x 排放	适用于 30MW 以上系统；运行成本高；烟气除尘量高；床料在灰分中有损失；流化床中换热管中度腐蚀

　　层状燃烧技术的种类较多，其中包括固定床、移动炉排、旋转炉排、振动炉排和下饲式等，适于含水率较高、颗粒尺寸变化较大及灰分含量较高的生物质，具有较低投资和操作成本。采用层状燃烧时，由于水分含量高，干燥及预热过程需时较长，在链条炉上将使着火迟延，一旦它燃尽后由于灰分很少，不能在炉排上形成一层灰保护层，容易造成尾部炉排烧坏。

　　悬浮燃烧煤粉燃烧技术是大型锅炉的唯一燃烧方式，具有高效率、燃烧完全等优点，已成为标准的燃烧系统，生物质悬浮燃烧技术与此类似。在该系统中，对生物质需要进行预处理，包括预先干燥和要求颗粒尺寸小于 2mm、含水率不超过 15%。先粉碎生物质至细粉，再与空气混合后一起切向喷入燃烧室内形成涡流，呈悬浮燃烧状态，这样可增加滞留时间。悬浮燃烧系统可在较低的过量空气下运行，可减少 NO_x 的生成。但干燥过程要消耗大量的热，这样使锅炉结构、燃料准备系统复杂化，使其经济性受限。

　　流化床燃烧技术是一种成熟的技术，在清洁燃烧领域早已进入商业化使用。利用循环流化床（CFB）进行生物质燃烧具有以下突出优势：a.对生物质燃料适应性广，几乎能够有效地燃用各种生物质固体燃料，不仅能处理各种生物质燃料（如树皮、锯末、木材废料等），还可以气化废物衍生燃料和废旧轮胎生物质等；b.燃烧强度高，其截面负荷可达 $4\sim6MW/m^2$，是链条炉的 2～6 倍，因此其相同装机容量下其体积可以缩小；c.床内传热能力强，由于剧烈的湍动作用，流化床内气固两相混合物对水冷壁的传热系数较高，可以有效节省受热面布置空间；d.流化床属于低温燃烧，料层的温度一般控制在 800～900℃ 之间，可以有效降低热力型 NO_x 排放，是一种清洁燃烧技术。

当前，流化床燃烧和层状燃烧是生物质的主要燃烧方式。从大型化、高容量、超参数的发展趋势看，流化床燃烧是生物质高效清洁燃烧的最佳选择和主要发展方向。

4.3.4　生物质流化床锅炉系统构成与设计

4.3.4.1　原理与结构

如前所述，生物质流化床燃烧技术是生物质发电的大容量、超参数清洁燃烧的重要技术和发展方向之一。

生物质在流化床内的流化依赖于其气固流动形态。空气从布风板下面的风室向上送入，布风板的上方堆有一定粒度分布的固体燃料层，是燃烧的主要空间。流化床一般采用石英砂为惰性介质，依据气固两相流理论，当流化床中存在两种密度或粒径不同的颗粒时，床中颗粒会出现分层流化，两种颗粒沿床高形成一定相对浓度的分布。在较低的风速下，较大的燃料颗粒也能进行良好的流化而不会沉积在床层底部。

生物质循环流化床锅炉主要由燃烧室、飞灰分离收集装置、飞灰回送装置及外部流化床换热器等组成，如图 4.7 所示。

（1）燃烧室

以二次风入口为界线将燃烧室分为两个区域。二次风入口下部为大颗粒还原气氛燃烧区，属密相区；上部为小粒子氧化气氛燃烧区，属稀相区。一般燃烧室内布置受热面，主要完成大约 50% 热量传递过程。

（2）飞灰分离收集装置

该装置决定了燃烧系统和锅炉整体布置的形式和紧凑性，影响燃烧室气体动力特性、传热特性、飞灰循环和燃烧效率等。主要形式包括高温耐火材料砌筑的旋风分离器、水冷或气冷旋风分离器、惯性分离器及多管分离器等。

（3）飞灰回送装置

将分离器收集下来的飞灰送回燃烧室循环燃烧，且保证燃烧室的高温烟气不经过飞灰回送装置短路流回分离器。通常采用的是非机械式装置，包括自动调节型送灰器和阀型送灰器。

（4）外部流化床换热器

可以使收集下来的飞灰全部或部分地通过外部流化床换热器冷却至 500℃，然后再送至床内燃烧，并非所有循环流化床都配有外部流化床换热器。

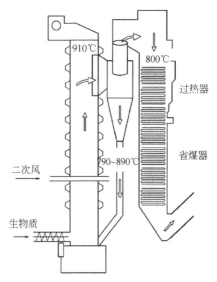

(a) 生物质循环流化床锅炉

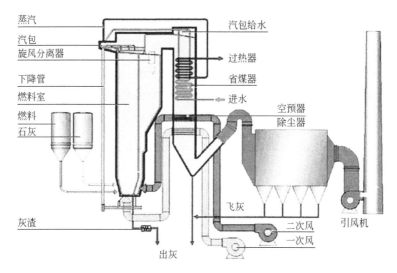

(b) 生物质循环流化床锅炉系统

图 4.7　生物质循环流化床锅炉及系统

4.3.4.2　技术和设计要求

根据《生物质循环流化床锅炉技术条件》(NB/T 42030—2014) 的规定，针对额定蒸发量为 35～220t/h 或额定热功率为 29～168MW、以水为工质的纯燃固体生物质循环流化床蒸汽或热水锅炉，需要遵循以下技术和设计要求。

(1) 一般规定

直燃式生物质循环流化床锅炉（以下简称"锅炉"）的设计应严格贯彻国家有关"节能减排"的方针政策，在满足安全、可靠、高效、经济的条件下，锅炉的热效率和污染物的排放值应符合国家行业有关法规、标准的规定。锅炉的设计、制造、检验与验收除应符合 NB/T 42030—2014 标准及订货合同规定外，还应符合其他相关标准的规定。

锅炉的安装、调试、启动、运行等应符合国家或行业有关法规和标准的规定。

（2）对于额定工况下的性能的技术要求

制造厂应保证锅炉在额定参数下的额定蒸发量或额定热功率。

锅炉在额定工况下运行，且使用燃料满足设计或订货合同要求的情况下，锅炉热效率指标应符合以下规定：当燃料收到基低位发热量 $Q_{net,v,ar}$≥12560kJ/kg 时，锅炉热效率限定值 88%；当 10450kJ/kg≤$Q_{net,v,ar}$＜12560kJ/kg 时，锅炉热效率限定值 86%；当 8400kJ/kg≤$Q_{net,v,ar}$＜10450kJ/kg 时，锅炉热效率限定值 84%；未列燃料或一些特定燃料，其热效率指标由供需双方商定。

锅炉过热蒸汽温度偏差应符合《电站锅炉　蒸汽参数系列》（GB/T 753—2012）的规定。

锅炉出口处过量空气系数应不大于 1.4，排烟温度应不高于 160℃。

锅炉炉渣含碳量应不大于 2%，飞灰含碳量应不大于 5%。

锅炉大气污染物的排放应符合《锅炉大气污染物排放标准》（GB 13271—2014）或《火电厂大气污染物排放标准》（GB 13223—2011）的规定。

锅炉在正常运行条件下，年可用率应不小于 82%；大修间隔应能达到 3 年，小修间隔应能达到 1 年。

（3）对于设计的基本技术要求

锅炉设计时应综合考虑锅炉的制造成本、锅炉房的建造及锅炉的运行维护费用等因素。

锅炉应采用分级配风，并具有良好的燃烧调节性能。

流化床截面流速设计值（热态）宜低于 5m/s。

对于灰熔点小于 900℃ 的燃料，流化床燃烧温度应比燃料灰熔融性变形温度低 30～50℃，分离器及回料阀内烟气温度应比灰熔融性变形温度低 80～100℃。

碱金属含量高的稻秆、麦秆等秸秆类生物质燃料的燃烧温度宜控制在 700～800℃。

循环倍率设计值的选取，应考虑生物质燃料的种类、热值和灰分。

回料阀宜采用非机械阀，返料风（包括松动风和输送风）应由高压风机提供。

分离器进口水平烟道不宜过长，同时宜在水平烟道底部设置松动风装置或其他防止灰堆积的措施。

二次风管、给料装置、回料装置、分离器等与炉体连接的接口应考虑热膨胀补偿，并保证良好的密封。

锅炉受热面设计应采取可靠、有效的防止高、低温腐蚀和积灰的措施。

风帽、旋风分离器中心筒等易磨损零部件宜采用耐热和耐磨损材料制成。

旋风分离器中心筒支吊件的选材及结构设计，应充分考虑高温氧化及中心筒变形、膨胀等因素的影响。

锅炉尾部受热面应设置清灰装置。

炉前给料管的设计应保证给料的顺畅，炉前给料装置应具有阻火功能。

锅炉宜设置床料补充系统。

生物质燃料应符合下列要求：a. 生物质燃料中的水分不宜大于 30%；b. 生物质燃料的外带杂质灰土质量不宜大于燃料质量的 20%；c. 入炉硬质生物质燃料长度宜大于 60mm，其中长度小或等于 30mm 的比例宜大于 80%，入炉软质生物质燃料的长度不宜大于 100mm，其中长度小于等于 50mm 的比例宜大于 80%；d. 锅炉宜控制入炉燃料中粉末状燃料的比例。

锅炉启动用床料宜采用经筛分后的河砂（粒径不大于 2mm）、炉渣（粒径不大于 5mm）等惰性床料；燃用碱金属含量高的生物质时应采用低硅床料。

（4）对于制造的技术要求

锅炉受压元件和非受压元件使用的材料及其焊接材料应当符合相应国家标准和行业标准的要求，受压元件及焊接材料在使用条件下应当具有足够的强度、塑性、韧性，以及良好的抗疲劳性能和抗腐蚀性能。

锅炉制造单位按有关规定和订货合同的要求对入厂材料进行复验，合格后才能投入使用。

锅炉主要零部件的制造应符合有关标准的规定，当有特殊要求时，锅炉制造厂应制订相应的工艺规程和（或）产品制造技术条件。

锅炉受压零部件的冷热成形、焊接、热处理工艺应符合《水管锅炉　第 5 部分：制造》（GB/T 16507.5—2013）的规定。

风帽小孔直径制造偏差应符合设计图样和相关标准的要求。

搪瓷管空气预热器的管子与管板间采用非焊接形式连接时，端部密封圈装配应保证密封。

（5）对于辅机及附件的技术要求

锅炉配用辅机及附件的供应范围应符合订货合同的规定。

锅炉配用辅机及附件应满足锅炉主机的性能要求，并符合对应的产品标准。

引风机、除尘设备等辅机选型应充分考虑生物质燃料水分、灰分的多变性。

炉前给料系统应充分考虑生物质燃料特性，保证燃料输送顺畅。

4.3.4.3　设计方案、结构与特征

由于生物质循环流化床锅炉的结构与燃料特性、发电规模、布置方式等有密切关系，所以其设计理念和方法以及布置等并不相同。下面以不同类型生物质循环流化床锅炉的工程设计为例，介绍其基本设计思路、要点和特征，如表 4.6 所列。

表 4.6　不同类型生物质循环流化床锅炉的设计特征

规模	额定蒸发量 130 t/h	装机容量 100MW	额定蒸发量 130 t/h
使用燃料	玉米秸秆和棉花秸秆的混合物，最大尺寸小于 50mm	各类生物质（木球、木屑、废纸、草本植物等）	玉米秸秆 60%，玉米芯 10%，菌袋 10%，稻壳 10%，稻草木片等 10%
锅炉参数	额定蒸发量 130 t/h；额定压力 9.8MPa；额定蒸汽温度 540℃		110% BRL 负荷工况：过热蒸汽流量 143 t/h；过热蒸汽出口压力 9.81MPa；过热蒸汽出口温度 540℃；给水温度 225℃
结构特征			

项目			
布置方式	(1)锅炉水冷壁：炉膛水冷壁采用膜式壁结构，悬吊于钢架的顶排梁上，整体向下膨胀 (2)过热器及蒸汽调温：饱和蒸汽从锅筒引入锅两侧包墙下集箱，分别经两侧包墙过热器、前包墙过热器、后包墙过热器，第二级喷水减温器、高温屏式过热器 (3)省煤器：省煤器为蛇形光管，采用错列逆流布置方式，布置在低温过热器之下部区域，由省煤器悬吊管悬吊 (4)空气预热器：空气预热器采用管式水平布置，分为四级，顺排布置，烟气在管外流动，空气在管内流动	(1)锅炉为超高压，一次中间再热，单汽包自然循环、全钢结构，炉顶设置轻型钢屋盖，采用集中下降管、平衡通风和支吊风气固定方式，循环流化燃烧方式 (2)过热器内布置有屏式过热器和水冷屏等受热面 (3)尾部对流竖井烟道采用双烟道布置，中隔墙由膜式水冷壁组成，前烟道内布置高温过热器、后烟道内布置再热器、高温省煤器 (4)过热器左右侧采用两级喷水减温器，调节蒸汽温度，能有效地保护高温过热器，再热器左右侧配备2台减温调节阀，采用以烟气挡板调节汽温为主、事故喷水装置为辅的方式控制汽温。在烟气调节挡板后，依次布置有低温省煤器和卧式管空气预热器	(1)炉膛采用单布置炉膛单布置膜式水冷壁结构，燃烧室蒸发受热面采用单布置天棚式水冷壁结构 (2)尾部对流烟道采用三垂直烟道形式，第一垂直烟道烟气下行，内部布置U形屏式一级过热器，第二垂直烟道烟气上行，沿着烟气流动方向，自下而上依次布置二级过热器；第三垂直烟道烟气下行，布置低温省煤器和空气预热器
设计特征	(1)炉膛布置足够的受热面积，采用炉膛水冷壁+水冷屏+过热器布置形式，使炉出口烟温控制在800℃以下，避免生物质在炉内床区的结焦 (2)高温过热器布置在炉内，积灰少，高温腐蚀速率大降低 (3)采用高温绝热旋风分离器，保证较高的分离效率 (4)采用双螺旋给料机直接给料以保证给料均匀 高温屏采用耐高温腐蚀的TP347H金属材料，提高了管材的耐氯腐蚀性能	(1)抑制和减少生物质燃烧过程中高黏性、低熔点的碱金属盐形成，防止在燃烧过程中出现床料结块、结渣，结垢以及腐蚀现象等 (2)对生物质燃料进行必要的预处理以保证燃料品质和正常输送 (3)不断添加石英砂等床料以维持正常的循环物料	(1)尽可能选择较低的床温，防止发生床料及炉内受热面结渣的结道 (2)利用炉内高浓度物料冲刷进而抑制受热面沾污腐蚀的原理，开发了高温受热面炉内布置技术，将末级过热器以平的形式布置在炉膛内 (3)使用了耐腐蚀材料TP347H，同时加大耐腐蚀余量，可保证锅炉受热面安全可靠 (4)针对尾部空预器低温区域容易产生低温腐蚀等问题，也采取了相应的技术措施

4.4 生物质热化学转化——气化

从能源与环境效益的综合角度考虑，生物质气化发电是更洁净的利用方式之一。针对分散生物质气化一般采用小规模的生物质气化供热或发电，对于大规模集中式生物质气化一般采用生物质整体气化联合循环发电（BIGCC）技术。大规模生物质气化发电是今后生物质高效、清洁工业化利用的主要发展方向。

相比于生物质燃烧，生物质气化具有以下显著特点：a. 通过改变生物质原料的化学形态来提高能量转化效率，获得高能流密度的高品位能源形式，改变传统燃烧方式利用率低的状况，同时还可进行工业性生产气体或液体燃料，直接供用户使用；b. 具有废物利用、减少污染、使用方便等优势；c. 可实现生物质燃烧的碳循环，推动生物质利用的可持续化发展。

4.4.1 气化过程原理

生物质气化是指以生物质为原料，以氧气（空气、富氧或纯氧）、水蒸气或氢气等作为气化剂（或称为气化介质），在高温条件下通过热化学反应将生物质中可以燃烧的部分转化为可燃气体的过程。

生物质气化时产生的气体，主要有效成分为 CO、H_2、CH_4 和 CO_2 等。

典型的生物质气化可分为四个过程，如图 4.8 所示。

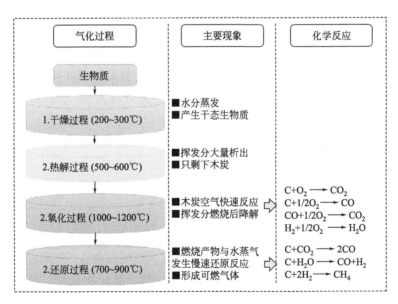

图 4.8 典型生物质气化过程

（1）干燥过程

生物质进入气化器，被加热至 $200\sim300℃$，原料中水分首先蒸发，产物为干原料和水蒸气。

（2）热解过程

挥发分从生物质中大量析出，在500～600℃时基本完成，只剩下木炭（生物炭）。

（3）氧化过程

即燃烧过程，木炭与被引入的空气发生反应，并释放出大量的热以支持其他区域进行反应。该层反应速率较快，温度达1000～1200℃，挥发分参与燃烧后进一步降解。

（4）还原过程

氧化层中的燃烧产物及水蒸气与还原层中的木炭发生还原反应，生成 H_2 和 CO等。这些气体和挥发分形成了可燃气体，完成了固体生物质向气体燃料转化的过程。因为还原反应为吸热反应，所以还原层的温度降低到700～900℃，所需的能量由氧化层提供，反应速率较慢，还原层的高度超过氧化层。

在生物质气化反应过程中，氧化反应和还原反应是生物质气化的主要反应，而且只有氧化反应是放热反应，释放出的热量为生物质干燥、热解和还原等吸热过程提供热量。

4.4.2　气化技术指标

生物质气化过程的主要技术参数包括以下指标，是衡量生物质气化性能的重要标准。

（1）当量比

这一概念仅适用于空气为气化介质的场合。气化剂当量比即指气化所需的空气量与完全燃烧所需的空气量之比，常用 Φ 表示，是气化的重要控制参数。由于气化过程所需的空气只是使部分原料燃烧，以提供气化过程所需的热量，所以气化剂当量比是小于1的。通常生物质气化所需的空气量是它完全燃烧时所需空气量的30%左右，即$\Phi=0.3$。

因此气化原料所需的空气量为：

$$V_a = \Phi V_0 \tag{4.34}$$

式中　V_a——气化空气量，m^3；

　　　Φ——气化剂当量比；

　　　V_0——完全燃烧时的理论空气量，m^3。

对于实际运行的生物质气化炉，若已检测出气化燃气的成分，则可根据氮平衡计算出气化1kg原料所使用的空气量。气化过程中，空气中的氮全部转入燃气中。由于生物质中的氮含量不多，可忽略。因此气化1kg燃料实际所使用的空气量为：

$$V_a = v P_{N_2}/79 \tag{4.35}$$

式中　V_a——处理1kg燃料所需要的空气量，m^3/kg；

　　　v——燃气产率，m^3/kg；

　　　P_{N_2}——燃气中氮气的体积分数，%。

（2）燃气产率

燃气产率是指单位质量的生物质原料气化后所产生气体燃料在标准状况下的体积，单位为 m^3/kg。按照原料转化成燃气过程的碳平衡，以 1kg 原料为准，转化成为燃气的碳量（G_g）应为：

$$G_g = G_z - G_1 \tag{4.36}$$

式中 G_g——燃料中可以转化为燃气的碳量，kg/kg；

$\quad G_z$——原料中含有的碳量，kg/kg；

$\quad G_1$——转化过程中所损失的碳量，kg/kg。

在标准状况下，单位体积燃气中所含有的碳量为：

$$G'_g = 12 \times (V_{CO} + V_{CO_2} + V_{CH_4})/22.4 \tag{4.37}$$

式中 G'_g——燃气中的碳量，kg/m^3；

V_{CO}，V_{CO_2}，V_{CH_4}——单位体积燃气中各组分所占的体积，m^3/m^3。

燃气产率应为燃料中可以转化为燃气的碳量除以单位体积燃气中所含有的碳量，即：

$$v = G_g/G'_g = 1.867(G_z - G_1)/(V_{CO} + V_{CO_2} + V_{CH_4}) \tag{4.38}$$

式中 v——燃气产率，m^3/kg。

当原料种类确定后，燃气产率也可以由实验直接获得或根据经验推算获得。

（3）气体发热量

气体发热量是指单位体积气体燃料完全燃烧所释放的热量。气体燃料的低位发热量简化计算公式为：

$$Q_v = 126P_{CO} + 108P_{H_2} + 359P_{CH_4} + 665P_{C_nH_m} \tag{4.39}$$

式中 Q_v——气体发热量，kJ/m^3；

P_{CO}，P_{H_2}，P_{CH_4}——该种气体在气化气中的体积分数，%；

$\quad P_{C_nH_m}$——不饱和烃类化合物 C_2 与 C_3 的总和，%。

（4）气化效率

气化效率是指生物质气化后生成气体的总热量与气化原料的总热量之比，它是衡量气化过程的主要指标。

$$\eta = (Q_1\eta_d/Q) \times 100\% \tag{4.40}$$

式中 η——气化效率；

$\quad Q_1$——冷气体发热量，kJ/m^3；

$\quad \eta_d$——干冷气体产率，m^3/kJ；

$\quad Q$——原料发热量，kJ/kg。

一般地，气化炉的气化效率应大于 70%，目前，国内固定床气化炉的气化效率通常为 70%～75%，流化床气化炉的气化效率在 78% 左右，先进水平的气化炉气化效率可达到 80% 以上。

（5）热效率

热效率为生成物的总热量与气化系统总耗热量之比。

（6）碳转化率

碳转化率是指生物质原料中的碳转化为气体燃料中的碳的份额，即气体中含碳量与原料中含碳量之比。它是衡量气化效果的指标之一。

$$\eta_C = \frac{12(P_{CO_2} + P_{CO} + P_{CH_4} + 2.5P_{C_nH_m})v}{22.4 \times (293/273)P_C} \times 100\% \qquad (4.41)$$

式中 η_C——碳转化率；

        v——燃气产率，m^3/kg；

        P_C——生物质中碳的含量，%；

P_{CO_2}，P_{CO}，P_{CH_4}，$P_{C_nH_m}$——燃气中的 CO_2、CO、CH_4 和烃类化合物体积含量，%。

（7）气化强度

气化强度是单位时间、气化炉单位截面积上处理的燃料量（也可用产生的燃气量）：

$$q_1 = M/A \qquad (4.42)$$

式中 q_1——气化强度，$kg/(m^2 \cdot h)$；

     M——生物质燃料消耗量，kg/h；

     A——气化炉膛截面积，m^2。

一般地，气化强度越大，气化炉的生产能力越大。气化强度与燃料性质、气化剂供给量、炉型结构等有关，实际生成过程中，要结合这些因素确定合理的气化强度。通常上吸式气化炉的 q_1 值为 $100\sim300kg/(m^2 \cdot h)$，下吸式气化炉为 $60\sim350kg/(m^2 \cdot h)$，流化床气化炉可以达到 $1000\sim2000kg/(m^2 \cdot h)$。

4.4.3 气化特性

在生物质气化过程中，气化剂是十分重要的，它直接决定了气化品质和气化产物的浓度与含量。

常用的气化剂包括空气、氧气、水蒸气、水蒸气＋空气、氢气等。不同气化剂的气化性能不尽相同，表4.7给出了不同气化剂条件下气化产物的理化性质。

表 4.7 不同气化剂条件下气化产物的理化性质

项目	参数	空气	水蒸气	水蒸气＋空气
运行条件	ER	0.18~0.45	0	0.24~0.51
	S/B值(干燥无灰基)/(kg/kg)	0.08~0.66	0.53~1.10	0.48~1.11
	温度/℃	780~830	750~780	785~830

续表

项目	参数	空气	水蒸气	水蒸气＋空气
气体组成	H_2(干燥基)/%	5.0～16.3	38～56	13.8～31.7
	CO(干燥基)/%	9.9～22.4	17～32	42.5～52.0
	CO_2(干燥基)/%	9.0～19.4	13～17	14.4～36.3
	CH_4(干燥基)/%	2.2～6.2	7～12	6.0～7.5
	C_2H_n(干燥基)/%	0.2～3.3	2.1～2.3	2.5～3.6
	N_2(干燥基)/%	41.6～61.6	0	0
	水蒸气(收到基)/%	11～34	52～60	38～61
产量	焦油(干燥无灰基)/(g/kg)	3.7～61.9	60～95	2.2～46
	焦炭(干燥无灰基)/(g/kg)	—	95～110	5～20
	气体(干燥无灰基)/(m³/kg)	1.25～2.45	1.3～1.6	0.86～1.14
	低位热值/(MJ/m³)	3.7～8.4	12.2～13.8	10.3～13.5

注:1. ER 是当量比;

2. S/B 值是气化过程中水蒸气与生物的质量之比。

空气气化是所有气化技术中最简单的一种,根据气流和加入生物质的流向不同,可以分为上吸式(气流与固体物质逆流)、下吸式(气流与固体物质顺流)及流化床等不同型式。空气气化一般在常压和 700～1000℃下进行,由于空气中氮气的存在,使产生的燃料气体热值较低,仅在 1300～1750kcal/m³(1kcal＝4.186kJ)左右。氧气气化成本较高,能产生中等热值的气体,其热值是 2600～4350kcal/m³,该工艺也比较成熟。水蒸气气化通常与适当的催化剂联用,可获得高含量的甲烷与合成甲醇的气体以及较少量的焦油和水溶性有机物。水蒸气＋空气气化比单独使用空气或水蒸气为气化剂时要优越,在减少了空气消耗量的同时生成更多的氢气和烃类化合物,提高了燃气热值。氢气气化是氢气与固定碳及水蒸气生成甲烷的过程,此反应燃气的热值为 22.3～26MJ/m³,属于高热值燃气。但是反应的条件极为严格,需要在高温下进行,同时氢气经济成本较高。

总体而言,水蒸气＋空气气化结合了空气气化设备简单、操作维护简便以及水蒸气气化气中 H_2 含量高的优点,用较低运行成本得到较高含量 H_2 和 CO 气体,适合于规模化使用。

4.4.4 气化影响因素

生物质气化过程从本质上讲是化学反应的过程,因此影响化学反应的一般因素同样影响生物质气化过程。通常,影响因素主要包括生物质原料特性、温度、升温速率、压力和催化剂等,如图 4.9 所示。

(1) 生物质原料特性

在气化过程中,生物质物料的热值、固定碳含量、灰分含量、水分含量以及元素组成、颗粒大小、料层结构等都对气化过程有显著影响,原料反应性的差异,是决定气化

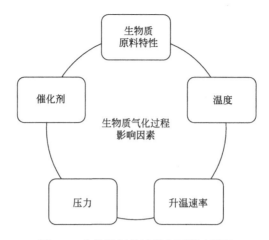

图 4.9　生物质气化过程主要影响因素

过程可燃气体产率与品质的重要因素。此外，粒径大小在 $300\mu m \sim 1mm$ 的颗粒，高温下较小粒径之间的气化差异表现并不明显，但对粒径大于 $1mm$ 的颗粒，随着反应温度的升高，气体产率逐渐增大，但是总体上小于小粒径的产气率。表明随着粒径的增大，颗粒表面和内部热传递的效果变差而逐渐成为限制因素。

（2）温度

温度是影响气化性能的最主要参数，温度对气体成分、热值及产率、气体中焦油的含量有着重要的影响。主要的气化反应温度为 $700 \sim 1000℃$。随着气化温度的升高，气化产气量也逐渐增大，燃气组分中的可燃组分浓度增大，气体热值增大。气化温度过低，易造成气化产气热值小、焦油产量大等问题；气化温度过高，也不利于高热值气化气的生成，而且能量损耗大。高温有利于 H_2 浓度的升高，CO 浓度稍有降低。H_2/CO 随反应温度的升高而增大。在 $750 \sim 850℃$ 的气化条件下，气化气热值有先升高后降低的趋势。故要获得高热值的气体，气化温度应控制在 $800℃$ 左右。但在低于 $800℃$ 时，气化产气中的 H_2 浓度低于 CO 浓度，当温度高于 $800℃$ 后 H_2 浓度逐渐高于 CO 浓度。因为温度升高将导致热解反应的二次裂解速率加快，增加了 H_2、CO 和烃类物质产量，焦油裂解速率也会加快。

（3）升温速率

升温速率显著影响气化过程中的热解反应，不同的升温速率导致不同的热解产物和产量。按升温速率快慢可分为慢速热解、快速热解及闪速热解等。流化床气化过程中的热解属于快速热解，升温速率为 $500 \sim 1000℃/s$，此时热解产物中焦油含量较高。气化产气量及组分与生物颗粒的升温速率有关：高升温速率会产生较多的小分子气体，较少的焦炭及焦油，主要是由于小颗粒具有较大的比表面积，因此升温速率较快。

（4）压力

在同样的生产能力下，压力提高，气化炉容积减小，后续工段的设备也随之减小尺寸，净化效果好。流化床目前都从常压向高压方向发展，但压力的升高也提高了对设备及其维护的要求。

（5）催化剂

催化剂性能直接影响着燃气组成与焦油含量。催化剂既强化气化反应的进行，又促进产品气中焦油的裂解，生成更多小分子气体组分，提升产气率和热值。在气化过程中用金属氧化物和碳酸盐催化剂，能有效提高气化产气率和可燃组分浓度。

（6）当量比

气化过程中当量比（ER）较合适的取值范围一般为 0.19～0.43。适当的 ER 可以实现气化过程的自热反应，减少外来能源的输入。对下吸式气化炉来讲当 ER＝0.38 时，气化效果达到最优，单位燃料的产气量随当量比呈线性增加关系。在 ER＝0.25、0.30 和 0.35 三种条件下，流化床反应器气化中，流化速率为 0.22m/s 的条件下，ER＝0.25 为气化的最优当量比。当气化剂为水蒸气时，是指气化过程中水蒸气与生物的质量之比即 S/B 值在 0.4～0.8，生产量和产能增加明显，但在高 S/B 时，气体产量接近常量。S/B＝1.2 比 S/B＝0.8 时产气有较小的降低，气体中 CO、CO_2 和 CH_4 变化较小。通常，随着 S/B 值的增大产气量也随着增加，但焦油和木炭则出现减少。增加的气体产量来源于水蒸气的作用、焦油的重整与裂解及焦炭的还原反应。

4.4.5　气化技术工艺与设备

常见的生物质气化设备分为固定床气化（包括上吸式气化炉、下吸式气化炉和横吸式气化炉）、流化床气化炉（包括鼓泡流化床气化炉、循环流化床气化炉和双流化床气化炉）和气流床气化炉等（如图 4.10 所示）。通常，前两者应用广泛。

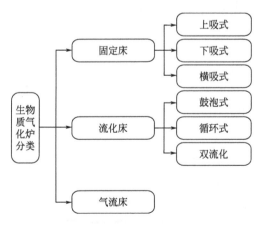

图 4.10　生物质气化炉分类

（1）固定床气化炉

固定床气化炉是一种常规的气化炉，其运行温度大约为 1000℃。固定床气化炉可以分为上吸式气化炉、下吸式气化炉和横吸式气化炉。

在上吸式气化炉中，生物质原料由炉顶加入，气化剂由炉底部进气口加入，气体流动的方向与燃料运动的方向相反，向下流动的生物质原料被向上流动的热气体烘干、裂解、气化。其主要优点是产出气在经过裂解层和干燥层时，将其携带的热量传递给物料，用于物料的裂解和干燥，同时降低自身的温度，使炉子的热效率提高，产出气体含灰量少。

在下吸式气化炉中，生物质由顶部的加料口投入，气化剂可以在顶部加入，也可以在喉部加入。气化剂与物料混合向下流动。该炉的优点是：有效层高度几乎不变、气候强度高、工作稳定性好、可以随时加料，而且气化气体中焦油含量较少。但是燃气中灰尘较多，出炉温度较高。

在横吸式气化炉中，生物质原料由气化炉顶部加入，气化剂从位于炉身一定高度处进入炉内，灰分落入炉栅下部的灰室。燃气呈水平流动，故称作横吸式气化炉。该气化炉的燃烧区温度可达到 2000℃，超过灰熔点，容易结渣。因此该炉只适用于含焦油和灰分不大于 5％的燃料，如无烟煤、焦炭和木炭等。

（2）流化床气化炉

流化床气化技术是一种先进的气化技术。流化床气化炉的温度一般为 750～800℃。这种气化炉适用于气化水分含量大、热值低、着火困难的生物质物料，但是原料要求相当小的粒度，可大规模、高效的利用生物质能。按照气固流动特性不同，流化床气化炉分为鼓泡流化床气化炉、循环流化床气化炉、双流化床气化炉等。

鼓泡流化床气化炉中气流速度相对较低，几乎没有固体颗粒从中逸出。循环流化床气化炉中流化速度相对较高，从床中带出的颗粒通过旋风分离器收集后，重新送入炉内进行气化反应。双流化床与循环流化床相似，不同的是在第一级反应器中进行裂解反应，第二级反应器中进行气化反应，其碳转化率较高。

常用的生物质气化设备技术经济分析比较总结于表 4.8。

4.4.6　生物质循环流化床气化炉设计原则

生物质循环流化床气化炉的简易设计原则包括气化炉操作参数和结构参数的确定。

生物质循环流化床气化炉的操作参数是影响气化炉使用效果的最主要因素，也是确定气化炉结构的依据，是最关键的参数。操作参数通常包括气化炉运行温度、流体速度当量比和气固相停留时间等。

（1）气化炉运行温度

从气化动力学考虑，气化温度越高越好，但温度太高会带来其他问题，一是材料耐温性能要求较高，特别对于气固分离设备，会使成本大大提高；二是高温会使回流控制更加困难。由于循环流化床气化炉的热解速度非常快，所以一般最高温度在 800～900℃即可，此时炉温大部分在 600℃以上，出口处也有 500℃左右，基本上可以满足还原及焦油裂解的要求。

（2）流化速度

流化速度要求达到快速流态化的要求，即大于 3～5 倍的颗粒终端速度，对砂光粉尘来说这一速度还太低，会引起炉内温度的不均匀，所以有时可能会达到颗粒的载流速度，使气化炉运行在载流床状态。但太高的流化速度可能使木粉及焦炭被吹出，引起燃烧层不稳定，从而使炉温不稳定，对砂光木粉或木屑而言，流化速度在 1.0～2.0m/s 可以基本满足要求。

表4.8 常用的生物质气化设备技术经济性分析比较

气化设备	结构示意	运行温度	适用材料	工艺流程	优点	缺点	商业应用
上吸式固定床		1000℃	可以使用较湿的物料（含水量可达50%），且对原料尺寸要求不高	物质物料自炉顶加料口投入炉内，气化剂由炉体底部进气口进入炉内参与气化反应，反应产生的气化气自下而上流动，由炉体上方的可燃气出口排出	炉子热效率有一定程度提高；出炉的燃气中只含有少量水分	添料不方便；燃气中含挥发性物质（如焦油蒸气）较多	适用于燃气无需冷却、过滤和远距离输送而直接燃用的场合
下吸式固定床		1200~1400℃	不适合水分大、灰分高且易结结的物料	生物质原料由炉顶加料口投入炉内，空气一般在氧化区加入，燃气从反应层下部吸出，灰渣从底部排出	结构比较简单，工作稳定性好；可随时开盖添料；出炉的燃气中焦油含量较少	阻力较大，不便于设备的放大；出炉的燃气中含有较多的灰分；出炉的燃气温度较高，需要水对其进行冷却	国内的大多数生物质气化站都用此种炉型

新能源与可再生能源工程

续表

气化设备	结构示意	运行温度	适用材料	工艺流程	优点	缺点	商业应用
横吸式固定床		温度可达2000℃	仅适用于含焦油很少及灰分≤5%的燃料，如无烟煤、焦炭和木炭等	物料自炉顶加入，灰分落入下部灰室。气化剂由炉体一侧供给，生成的燃气从另一侧抽出	结构紧凑，启动时间（5~10min）比下吸式短，负荷适应能力强	燃料在炉内停留时间短，还原层容积很小，影响燃气质量，超过了中心温度高，超过灰分的熔点，较易造成结渣	该炉型已进入商业化运行，主要应用于南美洲
鼓泡流化床		700~900℃	适合颗粒较大的物质原料，一般粒径<10mm	气化剂由布风板下部吹入炉内，生物质燃料颗粒在布风板上部被直接输送进入床层，与高温床料混合接触发生气化反应，密相区以燃烧反应为主，稀相区以还原反应为主，生成的高温燃气由上部排出	生成气焦油含量较少，成分稳定	飞灰和炭颗粒夹带严重，运行费用较高	最简单的流化气化炉，该炉型应用范围广，从小规模气化到大型的商业化运行。小规模的生产更有市场，目前有技术吸引力，目前国外仍有生产

续表

气化设备	结构示意	运行温度	适用材料	工艺流程	优点	缺点	商业应用
循环流化床		850~900℃	适用于多种原料	相对于鼓泡流化床气化炉而言，流化速度较高，生成气中含有大量固体颗粒，在燃气出口处设有旋风分离器或者旋转叛璇风未反应完的炭粒截獲风分离器分离出来，经返料器送入炉内，进行循环再反应	生成气焦油含量低；单位产气率高、单位容积生产能力大	设备投资较大	适合规模较大的应用场所（热功率可达100MW），具有较高的技术含量和良好的商业竞争力
双流化床		850~1100℃		由一级流化反应器和二级流化反应器两部分组成。在一级反应器内，物料进行热解气化，生成的可燃气体在高温下经气固分离后进入后级净化系统，分离后固体的固体炭粒送入二级反应器进行氧化燃烧，加热床层惰性床料以维持气化炉温度	碳转化率高，产气纯度高；氢气含量高，等达到最高；产气焦油量较少	气化炉构造复杂，两床的温度以及两床间热载体的循环速度控制是最关键最困难的技术	目前得到国内外众多学者的广泛关注。目前我国对生物质双流化床的研究还处在发展阶段

（3）当量比

严格来说当量比不是独立的，它与运行温度是相互联系的，高的当量比对应于高的气化温度。但当量比也是相对独立的，它是操作和设计的主要指标，炉温的高低可通过改变当量比来实现。一般来说，当量比在 0.2～0.25 时循环流化床气化炉能达到较理想的运行状态，较小颗粒可以对应较低的当量比。

（4）气固相停留时间

对任何气化过程而言，停留时间越长越好，但增加停留时间需增加炉的体积，成本会相应增加，循环流化床气化炉的气相停留时间主要取决于焦油的裂解，所以不必要很长，在 2～4s 之间即可。由于焦炭在回流管及炉内之间循环，循环次数越多，有效停留时间越长，所以固相停留时间主要取决于分离器的效果，分离器能分离的最小颗粒越小，固相的停留时间就越长。一般固相在炉内的停留时间能达 4～6s。

生物质循环流化床气化炉的结构参数主要包括三方面的内容，即床体直径、床体高度及加料与回流开口的位置。这些参数必须根据所处理原料的数据（如处理量、颗粒大小等）及所选择的运行参数而定。

4.4.7 生物质气化发电系统

生物质气化发电技术是把生物质转化为可燃气，再利用可燃气推动燃气发电设备进行发电。

气化发电过程包括生物质气化、燃气净化和燃气发电三个工艺环节。生物质气化发电技术按燃气发电方式可分为蒸汽轮机发电系统、内燃机发电系统、燃气轮机发电系统和生物质整体气化联合循环发电系统。

蒸汽轮机发电是生物质燃气作为蒸汽锅炉的燃料燃烧生产蒸汽带动蒸汽轮机发电。这种方式对气体要求不是很严格，直接在锅炉内燃烧经过旋风分离器除去杂质和灰分的气化气即可。蒸汽轮机发电具有负荷适应性强、污染物排放较少的特点。

内燃机发电是指生物质燃气在内燃机内燃烧带动发电机发电。这种方式应用广泛，效率高。但同时也对气体要求极为严格，气化气必须经过净化和冷却处理。

燃气轮机发电是指生物质燃气在燃气轮机内燃烧带动发电机发电。这种方式对气体的压力有要求，一般为 10～30kg/cm^2，同时也存在燃气净化和除尘的问题。大型的生物质气化发电系统均采用燃气轮机发电。

生物质整体气化联合循环发电（BIGCC）工艺（图 4.11），是大规模生物质气化发电系统先进的技术和发展方向。由于燃气轮机系统发电后排放的尾气温度高于 500℃，所以增加余热锅炉和过热器产生蒸汽，再利用蒸汽循环，可以有效提高发电效率。该系统由物料预处理设备、气化设备、净化设备、换热设备、燃气轮机、蒸汽轮机等发电设备组成。功率范围在 7～30MW，整体效率可以达到 40％。但 BIGCC 技术尚未完全成熟，投资和运行成本都很高，目前其主要应用还只停留在示范和研究的阶段。

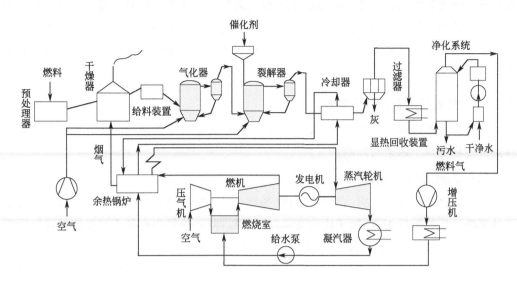

图 4.11　整体气化联合循环发电工艺流程

4.5　生物质热化学转化——热解与液化

4.5.1　生物质热解

4.5.1.1　热解过程原理

生物质热解指生物质在无空气等氧化气氛情形下发生的不完全热降解生成炭、可冷凝液体和气体产物的过程，可得到固态的生物炭、液态的生物焦油和气态的生物质热解气。

在生物质热解反应过程中会发生一系列的化学变化和物理变化，前者包括一系列复杂的化学反应；后者包括热量传递。从反应进程来分析，生物质热解过程大致分为以下三个阶段。

第一阶段为预热解阶段，温度上升至 120～200℃时，即使加热很长时间，原料重量也只有少量减少，主要是 H_2O、CO 和 CO_2 受热释放所致，外观无明显变化，但物质内部结构发生重排反应，如脱水、断键、自由基出现以及碳基、羧基生成和过氧化氢基团形成等。

第二阶段为固体分解阶段，温度为 300～600℃，各种复杂的物理、化学反应在此阶段发生。木材中的纤维素、木质素和半纤维素在该过程先通过解聚作用分解成单体或单体衍生物，然后通过各种自由基反应和重排反应进一步降解成各种产物。

第三阶段为焦炭分解阶段，焦炭中的 C—H、C—O 键进一步断裂，焦炭重量以缓慢的速率下降并趋于稳定，导致残留固体中碳素的富集。

根据反应温度和加热速率的不同，生物质热解工艺可分成慢速、常规、快速热解。慢速热解主要用来生成木炭，低温和长期的慢速热解使得炭产量最大可达 30%，约占 50% 的总能量；中等温度及中等反应速率的常规热解可制成相同比例的气体、液体和固体产品；快速热解是在传统热解基础上发展起来的一种技术，相对于传统热解，它采用超高加热速率、超短产物停留时间及适中的热解温度，使生物质中的有机高聚物分子在隔绝空气的条件下迅速断裂为短链分子，使焦炭和产物气降到最低限度，从而最大限度获得液体产品。

4.5.1.2　热解过程主要影响因素

生物质热解过程也是化学反应过程，依然遵循化学反应的影响因素。一般地，生物质热解过程受以下因素的影响。

（1）生物质理化特性

生物质种类、分子结构、粒径及形状等特性对生物质热解行为和产物组成等有着重要的影响。生物质的 H/C 原子比较高（1.34～1.78），热解中有利于气态烷烃或轻质芳烃的生成，而 O/C 原子比高（0.54～0.95）表明含有氧桥键（—O—）的各种键易断裂形成气态挥发物，热解过程中 H 和 O 元素的脱除易于 C 元素的脱除。物料的挥发分含量决定了产气量，生物质粒径的大小也是影响热解速率的关键因素。相同粒径的颗粒，当其形状分别呈粉末状、圆柱状和片状时，其颗粒中心温度达到充分热解温度所需的时间不同。

（2）温度

温度对热解产物分布、组成、产率和热解气热值等有很大的影响。随着热解温度的升高，炭的产率减小但最终趋于一定值，不可冷凝气体产率增大但最终也趋于一定值，而生物油产率有一个最佳温度范围（450～550℃）。随热解温度的提高，CH_4、C_2H_4 和 C_2H_6 的含量先增后减，高的热解温度促进了二次裂解反应的进行，导致它们裂解，越来越多的小分子烃类化合物裂解释放出 H_2。燃气热值随温度的升高达到一个最大值，燃气的密度随热解过程的深入而呈线性下降。

（3）升温速率

随着升温速率的增大，物料颗粒达到热解所需温度的响应时间变短，有利于热解；但同时颗粒内外的温差变大，由于传热滞后效应会影响内部热解的进行。随着升温速率的增大，物料失重和失重速率曲线均向高温区移动。热解速率和热解特征温度（热解起始温度、热解速率最快的温度、热解终止温度）均随升温速率的提高呈线性增长。

（4）压力

随着压力的提高，生物质的活化能减小，且减小的趋势减缓。加压下生物质的热解速率有明显提高，反应更为剧烈。

（5）反应时间

反应时间在生物质热解反应中分为固相滞留时间和气相滞留时间。固相滞留时间越短，热解的固态产物所占的比例就越小，总的产物量越大，热解越完全。气相滞留时间一般不影响生物质的一次裂解反应进程，但会影响液态产物中的生物油发生二次裂解反应的进程。当生物质热解产物中的一次产物进入围绕生物质颗粒的气相中，生物油的二次裂解反应就会增多，导致液态产物迅速减少，气态产物增加。

4.5.1.3　热解工艺及关键设备

生物质热解液化技术的一般工艺流程由物料的干燥、粉碎、热解、产物炭和灰的分离、气态生物油的冷却和生物油收集等部分组成，如图 4.12 所示。

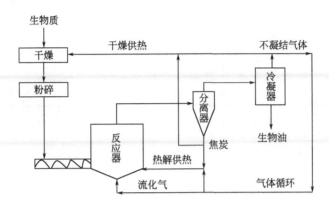

图 4.12　生物质热解液化技术的一般工艺流程

在原料干燥和粉碎工段中，生物油中的水分会影响油的性能，而天然生物质原料中含有较多的自由水，为了避免将自由水分带入产物，物料要求干燥到水分含量低于10％。另外，原料尺寸也是重要的影响因素，通常需要对原料进行粉碎处理。

在热解工段中，生物质在反应器中裂解，要求反应器具有加热速率快、反应温度中等和气相停留时间短的特点。

在焦炭和灰的分离工段中，由于热解工段中的微细焦炭颗粒会随携带气进入生物油液体当中，影响生物油的品质。而灰分是影响生物质热解液体产物产率的重要因素，它将大大催化挥发分的二次分解。因此，需要焦炭和灰的分离。

在液体生物油的收集工段中，通常采用与冷液体接触的方式进行冷凝收集，通常可收集到大部分液体产物，但进一步收集则需依靠高效微粒控制技术等以增强其环保效应。

在生物质热解工艺系统中，热解反应器至关重要。生物质热解反应器的类型以及加热方式的选择对产物最终分布影响很大。目前，国内外广泛采用的主要有鼓泡流化床反应器、循环流化床反应器、烧蚀涡流反应器和旋转锥反应器等，主要以对流换热的形式辅以热辐射和导热对木质纤维素生物质进行加热，热导率高、加热速率快、反应温度较易控制。

表 4.9 给出了目前应用的生物质热解反应器及其工业运行情况。

4.5.2　生物质液化

4.5.2.1　液化过程原理

生物质液化是指通过化学方式将生物质转换成液体（燃料）产品的过程。直接液化是一个热化学过程，其目的在于将生物质转化成高热值的液体产物。

表 4.9　生物质热解反应器及其工业运行情况

生物质热解反应器	工艺系统及设备	技术特征	工业应用
鼓泡流化床热解反应器	（工艺流程图：干燥/筛分的生物质、流化床反应器、旋风分离器、焦、热量、循环气加热器、急冷器、静电除尘器、生物油、循环烟气、排放尾气）	鼓泡流化床反应器热解纤维素类生物质的主要产物为液体，可以达到总量的 70%～75%，也有 15% 左右焦形成，同时还有少量的气体产物。其中，焦油作为固体生物质热裂解形成的挥发分中的一种产物，所以快速热裂解催化剂的分离，对催化剂的影响十分重要。目前工业上一般采用一个或多个旋风分离器并联来进行焦的分离。鼓泡流化床热解自外部直接供热，同时对产生的焦进行燃烧也能供给部分热量	最早由加拿大滑铁卢大学开始研究，在加拿大分别建造并运营了 75kg/h 和 400kg/h 的中试装置，进而形成了 100 t/d 和 200 t/d 的产业化装置；生物质能工程在英国建立了 250kg/h 的中试装置；Kerlan 在西班牙开发喷动流化床反应器，芬兰的美卓纸业和 UPM、VTT 等相关单位进行合作建造并运营了 4MW 的试点装置；安徽理工大学等单位也建造了喷动床热解中试装置，处理量达 600kg/h
循环流化床热解反应器	（工艺流程图：干燥/筛分的生物质、裂解炉、旋风分离器、燃料气、热砂+焦、热砂、空气、燃烧室、灰、静电除尘器、生物油、排放气）	循环流化床反应器的气相停留时间相对较短，导致挥发分中焦的含量相对较高，收集到的液体产物生物油中有较高的焦含量，对进一步生物油品质的提升有较大影响。经过旋风分离器得到的焦在二次反应器中燃烧然后对循环流化床料进行加热，来间接供给循环流化床供热	Ensyn 公司在加拿大伦弗鲁研发中心建造的示范装置处理量可以达到 200kg/h，工厂处理量可以达到 1000t/d。Ensyn 公司在美国威斯康星州也建立了 1700kg/h 的生物质热解单元

续表

生物质热解反应器	工艺系统及设备	技术特征	工业应用
烧蚀涡流热解反应器		生物质原料在叶片的高速旋转下进入反应器，在高速离心力的作用下使得生物质原料在涡流反应器的壁面上沿螺旋线滑行并发生热解，未反应的生物质颗粒可以通过循环系统再次进入反应器发生热解，可以使得液体产物的含量达到60%~65%甚至70%~75%	美国可再生能源实验室于1995年研制的，英国阿斯顿大学开发的一种烧蚀板反应器可以使得液体产物的含量达到70%~75%
旋转锥热解反应器		旋转锥热解反应器主要由内外两个同心锥共同组成，内锥固定不动，外锥绕轴旋转。生物质颗粒和砂子由内锥中部孔道进入反应器顶部，离心力的作用下沿着锥壁螺旋上升；由于生物质和砂子之间的密度相差较大，使得两者之间相对运动进行动量和热量交换，生物质热解，反应结束之后砂子和其他固体颗粒一起落入反应器底部，而挥发分则从反应器顶部逸出。旋转锥反应器不需要载气，升温速率较高，气相停留时间较短，液体产物相对较多，可以达到总含量的70%左右。但是轴的旋转加大了能耗，同时砂子沿着两锥壁面做相对的维运动也会使得磨损非常严重，加大了设备的维护成本	旋转锥反应器最早由荷兰Twente大学反应器工程组和生物质技术集团(BTG)于1989年开始研制。在2005年中期马来西亚已经建立运行处理量为250kg/h的示范性装置，同时一套处理量为50 t/d的放大装置也投入使用

生物质液化的实质是将固态的大分子有机聚合物转化为液态的小分子有机物质，其过程主要由三个阶段构成：首先，破坏生物质的宏观结构，使其分解为大分子化合物；其次，将大分子链状有机物解聚，使之能被反应介质溶解；最后，在高温高压作用下经水解或溶剂溶解以获得液态小分子有机物。

生物质液化主要有直接液化和间接液化两类。直接液化是将生物质与一定量溶剂混合放在高压釜中，抽真空或通入保护气体，在适当温度和压力下将生物质转化为燃料或化学品的技术。间接液化是把生物质气化成气体后，再进一步合成为液体产品。

直接液化根据液化时使用压力的不同，又可以分为常压直接液化和高压直接液化。常压直接液化温度通常为120～250℃，压力为常压或低压（小于2MPa），常压（低压）液化的产品一般作为高分子产品（如胶黏剂、酚醛塑料、聚氨酯泡沫塑料）的原料，或者作为燃油添加剂。高压直接液化的液体产品一般被用作燃料油，但它与热解产生的生物质油一样，也需要改良以后才能使用。由于高压直接液化的操作条件较为苛刻，所需设备耐压要求高，能耗也较大。

4.5.2.2 液化工艺

将生物质转化为液体燃料，需要加氢、裂解和脱灰过程。典型生物质直接液化工艺流程如图4.13所示。

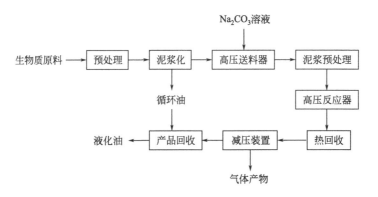

图4.13 典型生物质直接液化工艺流程

生物质原料中的水分含量一般较高，含水率可高达50%。在液化过程中水分会挤占反应空间，需将木材的含水率降到4%，且便于粉碎处理。将木屑干燥和粉碎后，初次启动时与溶剂混合，正常运行后与循环相混合。反应压力较高，故采用高压送料器送至反应器。反应条件优化后，压力为28MPa，温度为371℃，催化剂为浓度20%的Na_2CO_3溶液。反应的产物为气体和液体，离开反应器的气体被迅速冷却为轻油、水及不冷凝的气体。液体产物包括油、水、未反应的木屑和其他杂质，可通过离心分离机将固体杂质分离开，得到的液体产物一部分可作循环油使用，其他液化油作为产品。

4.6　生物质化学转化

4.6.1　生物柴油

4.6.1.1　生物柴油的性质与特征

生物质化学转化的典型代表是生物柴油。生物柴油，广义上讲包括所有以生物质为原料生产的替代燃料。狭义的生物柴油又称燃料甲酯、生物甲酯或酯化油脂，即脂肪酸甲酯的混合物。主要是通过不饱和脂肪酸与低碳醇经转酯化反应获得的，它与柴油分子碳数相近。

生物柴油制备用的生物质原料来源广泛，包括各种植物油脂、动物油脂、废弃油脂以及微藻生物质等，都含有丰富的脂肪酸甘油酯类，适宜作为生物柴油的来源。目前我国生物柴油的原料来源主要包括酸化油和一些废弃食用油脂。从产业发展的持续性角度考量，木本油料和油料农作物如黄连木、乌桕、油桐、麻风树等具有较大发展优势。特别是近年来，微藻生物柴油是具有广阔发展前景的新型油脂资源。

生物柴油是一种清洁的可再生能源，由于生物柴油燃烧所排放的二氧化碳远低于其原料植物生长过程中所吸收的二氧化碳，因此生物柴油的使用可以缓解地球的温室效应。生物柴油是柴油的优良替代品，它适用于任何内燃机车，可以与普通柴油以任意比例混合，制成生物柴油混合燃料，例如 B5（5％的生物柴油与 95％的普通柴油混合）、B20（20％的生物柴油与 80％的普通柴油混合）等。

生物柴油具有如下的特性：

（1）可再生、可生物降解、毒性低、污染少

相比于一般柴油燃料，生物柴油悬浮微粒降低 30％、CO 降低 50％、黑烟降低 80％、醛类化合物降低 30％、SO_x 降低 100％、烃类化合物降低 95％；对水土等污染较少。

（2）稳定性和润滑性好

生物柴油可与石化柴油以任意比例互溶，混合燃料状态稳定；具有较好的润滑性能，可降低喷油泵、发动机缸和连杆的磨损率，延长寿命。

（3）理化指标良好

在冷滤点、闪点、燃烧功效、含硫量、含氧量、燃烧耗氧量及对水源等环境的友好程度上优于普通柴油；无添加剂时冷凝点达 −20℃，有较好的发动机低温启动性能。

（4）方便储存、使用和运输

4.6.1.2　生物柴油的制备工艺方法

常见的生物柴油制备工艺方法分为化学法转酯化、生物酶催化法和超临界法等。表4.10 比较了这些工艺的原理、催化方法、催化剂、优缺点等主要技术经济性能。

表 4.10　常用生物柴油制备方法及其技术经济性能

制备方法	催化方法	催化剂	优点	缺点
化学法转酯化	均相化学催化法	NaOH、KOH、H₂SO₄、HCl 等	技术经济性好，廉价易得	存在废液多，副反应多和乳化现象严重等问题
	非均相化学催化法	金属催化剂（如 ZnO、ZnCO₃、MgCO₃、K₂CO₃、Na₂CO₃）、沸石催化剂、硫酸锡、氧化锆及钨酸锆等固体超强酸作催化剂等	适用于万吨级大规模制备，可有效降低成本，提高产率	采用固体催化剂不仅可加快反应速率，且还具有寿命长，比表面积大，不受皂化反应影响和易于从产物中分离等优点
生物酶催化法	生物酶法	常用脂肪酶主要是酵母脂肪酶、根霉脂肪酶、毛霉脂肪酶、猪胰脂肪酶等	与传统的化学法相比较，可以少用甲醇（理论上所需甲醇是化学法的 1/6～1/4）；可以简化工序（省去蒸发回收过量甲醇和水洗、干燥）；反应条件温和，明显降低能源消耗，减少废水，提高生物柴油产率，而且易于回收甘油，提高甘油的产率	由于脂肪酶的价格昂贵，成本高，限制了酶作为催化剂在工业规模生产生物柴油中的应用
超临界法	无需催化	无需催化剂	具有反应迅速，不需要催化剂，转化率高，不发生皂化反应等优点，简化了产品纯化过程	制备生物柴油的方法通常需要高温高压，对设备要求很高，因此，设备投入较大。一般油脂成本占生产成本的 70%～80%

制备原理：
- 化学法转酯化：利用动植物油脂与甲醇或乙醇在催化剂存在下，发生酯化反应制成脂肪酸甲酯（乙）酯
- 生物酶催化法：即将动物油脂和低碳醇通过脂肪酶进行转酯化反应，制备相应的脂肪酸甲酯及乙酯
- 超临界法：在超临界条件下，游离脂肪酸（FFA）的酯化反应，生成游离脂肪酸、单甘油酯、二甘油酯等，在超临界条件下都能与甲醇反应生成相应的甲酯

4.6.2　生物乙醇

乙醇，俗称酒精。生物乙醇是采用玉米、甘蔗、小麦、薯类、糖蜜等生物质原料，经发酵、蒸馏而制成的。燃料乙醇是通过对乙醇进一步脱水，使其含量达 99.6% 以上，再添加适量变性剂而制成的。燃料乙醇可以制成乙醇汽油、乙醇柴油、乙醇润滑油等用途广泛的工业燃料或材料。

生物燃料乙醇具有以下优点：在燃烧过程中所排放的二氧化碳和含硫气体均低于汽油燃料所产生的对应排放物，由于它的燃烧比普通汽油更安全，使用含 10% 燃料乙醇的乙醇汽油，可使汽车尾气中一氧化碳、烃类化合物排放量分别下降 30.8% 和 13.4%，二氧化碳的排放减少 3.9%。作为增氧剂，使燃烧更充分，可节能环保，抗爆性能好。燃料乙醇还可以替代甲基叔丁基醚（MTBE）、乙基叔丁基醚，可减轻对地下水的污染。

4.6.2.1　生物乙醇发酵的过程原理

乙醇发酵机理揭示了葡萄糖在酵母菌酒化酶的作用下转变为乙醇的过程。乙醇发酵在厌氧条件下进行，经历四个阶段十二个步骤。其总反应式为：

$$C_6H_{12}O_6 + 2ADP + 2H_3PO_4 \longrightarrow 2C_2H_5OH + 2CO_2 + 2ATP \tag{4.43}$$

乙醇发酵的四个阶段分别为：第一阶段是葡萄糖磷酸化，生成 1,6-二磷酸果糖；第二阶段是 1,6-二磷酸果糖裂解成为两分子的磷酸丙糖（3-磷酸甘油醛）；第三阶段是 3-磷酸甘油醛经氧化、磷酸化后，分子内重排，释放出能量，生成丙酮酸；第四阶段是丙酮酸继续降解，生成乙醇。

4.6.2.2　典型生物燃料乙醇发酵工艺

燃料乙醇是以生物质为原料通过生物发酵等途径获得的可作为燃料用的乙醇。燃料乙醇经变性后与汽油按一定比例混合可制车用乙醇汽油。

燃料乙醇发酵工艺技术主要有第一代和第二代两种。第一代燃料乙醇技术是以糖质和淀粉质作物为原料生产乙醇。其工艺流程一般分为五个阶段，即液化、糖化、发酵、蒸馏、脱水。第二代燃料乙醇技术是以木质纤维素质为原料生产乙醇。与第一代技术相比，第二代燃料乙醇技术首先要进行预处理，即脱去木质素，增强原料的疏松性以增加各种酶与纤维素的接触，提高酶效率。待原料分解为可发酵糖类后，再进行发酵、蒸馏和脱水。

其中发酵法采用各种含糖（双糖）、淀粉（多糖）、纤维素（多缩己糖）的农产品，农林业副产物及野生植物为原料，经过水解（即糖化）、发酵使双糖、多糖转化为单糖并进一步转化为乙醇。淀粉质在微生物作用下，水解为葡萄糖，再进一步发酵生成乙醇。发酵法制乙醇生产过程包括原料预处理、蒸煮、糖化、发酵、蒸馏、废醪处理等。成熟的发酵醪内，乙醇质量分数一般为 8%～10%。由于原料不同，水解产物中乙醇含量高低相异，如谷物发酵醪液中乙醇的质量分数不高于 12%，纤维素可用酶或酸水解，如亚硫酸法造纸浆水解液中仅含乙醇约 1.5%。除含乙醇和大量水外，还有固体物质和许多杂质，需通过蒸馏把发酵醪液中的乙醇蒸出，得到高浓度乙醇，同时副产杂醇油及大量酒糟。

此外，脱水技术是燃料乙醇生产关键技术之一。从普通蒸馏工段出来的乙醇，其最高质量分数只能达到95%，要进一步浓缩，继续用普通蒸馏的方法是无法完成的，因为此时，酒精和水形成了恒沸物（对应的恒沸温度为78.15℃），难以用普通蒸馏的方法分离开来。为了提高乙醇浓度，去除多余的水分，就需采用特殊的脱水方法。

我国燃料乙醇的主要原料是陈化粮和木薯、甜高粱、地瓜等淀粉质或糖质非粮作物，今后研发的重点主要集中在以木质纤维素为原料的第二代燃料乙醇技术。国家发展改革委已核准了广西的木薯燃料乙醇、内蒙古的甜高粱燃料乙醇和山东的木糖渣燃料乙醇等非粮试点等项目，以农林废弃物等木质纤维素原料制取乙醇燃料的技术也已进入年产万吨级规模的中试阶段。

（1）糖和淀粉质基质的生物乙醇发酵工艺

糖和淀粉质原料乙醇发酵是以含淀粉的农副产品为原料，利用 α-淀粉酶和糖化酶将淀粉转化为葡萄糖，糖化酶（α-1,4-葡萄苷酶）对淀粉、糊精的作用是从分子非还原末端开始作用于 α-1,4 键，作用到分支点时，越过 α-1,6 键，继续将 α-1,4 键打开，其水解淀粉、糊精的主要产物是葡萄糖。α-淀粉酶（α-1,4-糊精酶）可将淀粉、糊精的 α-1,4 键打开，将淀粉、糊精转化为低分子糊精和麦芽糖等，其水解产物为极限糊精、麦芽糖和少量葡萄糖。之后再利用酵母菌产生的酒化酶等将糖转变为酒精和二氧化碳。

薯干、米、玉米、高粱等淀粉质乙醇发酵的工艺流程如图 4.14 所示。

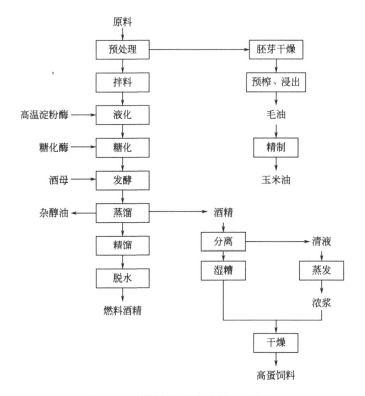

图 4.14　淀粉质乙醇发酵的工艺流程

为了将原料中的淀粉充分释放出来，促进淀粉向糖的转化，对原料进行处理是十分必要的。原料处理过程包括原料除杂、原料粉碎、粉料的水热处理和醪液的糖化。淀粉质原料通过水热处理，成为溶解状态的淀粉、糊精和低聚糖等，但不能直接被酵母菌利用生成乙醇，必须加入一定数量的糖化酶，使溶解的淀粉、糊精和低聚糖等转化为能被酵母利用的可发酵糖，然后酵母再利用可发酵糖发酵生成乙醇。

（2）纤维素基质的生物乙醇发酵工艺

纤维素基质的乙醇发酵工艺包括预处理、水解糖化、乙醇发酵、分离提取等。

原料预处理包括物理法、化学法、生物法等，其目的是破坏木质纤维原料的网状结构，脱除木质素，释放纤维素和半纤维素，以有利于后续的水解糖化过程。

纤维素的糖化有酸法糖化和酶法糖化。其中酸法糖化包括浓酸水解法和稀酸水解法，浓硫酸法糖化率高，但采用了大量硫酸，需要回收重复利用，且浓酸对水解反应器的腐蚀是一个重要问题。近年来在浓酸水解反应器中加衬耐酸的高分子材料或陶瓷材料解决了浓酸对设备的腐蚀问题。利用阴离子交换膜透析回收硫酸，浓缩后重复使用。该法操作稳定，适于大规模生产，但投资大，耗电量高，膜易被污染。

稀酸水解工艺较简单，也较为成熟。稀酸水解工艺采用两步法：第一步稀酸水解在较低的温度下进行，半纤维素被水解为五碳糖；第二步酸水解是在较高温度下进行，加酸水解残留固体（主要为纤维素结晶结构）得到葡萄糖。稀酸水解工艺糖的产率较低，而且水解过程中会生成对发酵有害的物质。

纤维素的酶法糖化是利用纤维素酶水解糖化纤维素，纤维素酶是一种由多功能酶组成的酶系，有很多种酶可以催化水解纤维素生成葡萄糖，主要包括内切葡聚糖酶、纤维二糖水解酶和 β-葡萄糖苷酶，这三种酶协同作用催化水解纤维素使其糖化。纤维素分子是具有异体结构的聚合物，酶解速度较淀粉类物质慢，并且对纤维素酶有很强的吸附作用，致使酶解糖化工艺中酶的消耗量大。

纤维素发酵生成乙醇有直接发酵法、间接发酵法、混合菌种发酵法、连续糖化发酵法、固定化细胞发酵法等。直接发酵法的特点是基于纤维分解细菌直接发酵纤维素生产乙醇，不需要经过酸解或酶解前处理。该工艺设备简单，成本低廉，但乙醇产率不高，会产生有机酸等副产物。间接发酵法是先用纤维素酶水解纤维素，酶解后的糖液作为发酵碳源，此法中乙醇产物的形成受末端产物、低浓度细胞以及基质的抑制，需要改良生产工艺来减弱抑制作用。固定化细胞发酵法能使发酵器内细胞浓度提高，细胞可连续使用，使最终发酵液的乙醇浓度得以提高。固定化细胞发酵法的发展方向是混合固定细胞发酵，如酵母与纤维二糖一起固定化，将纤维二糖基质转化为乙醇，此法是纤维素生产乙醇的重要手段。

4.7　生物质生物化学转化——生物沼气

生物沼气是生物质生化转化的重要能源化利用方式之一。

生物沼气是由有机物质（包括畜禽粪便、农作物残渣、杂草、污泥、废水、垃圾等）在适宜的温度、湿度、酸碱度和厌氧情况下，经过微生物发酵分解作用产生的一种可燃性气体。

生物沼气主要化学成分和含量为：50%～80%的甲烷（CH_4）、20%～40%的二氧化碳（CO_2）、0%～5%的氮气（N_2）、小于1%的氢气（H_2）、小于0.4%的氧气（O_2）以及0.1%～3%的硫化氢（H_2S）等。由于生物沼气主要成分是甲烷，故其特性与天然气相似。再由于沼气含有少量硫化氢，所以略带臭鸡蛋或烂蒜气味。

生物沼气具有以下重要优点：

（1）可燃性好

生物沼气中最主要成分是甲烷，而甲烷是一种无色无味、轻质、高热值气态燃料，此外沼气中氢气、硫化氢和一氧化碳也能燃烧。

（2）热值高

作为沼气主要成分的甲烷热值为 $34000kJ/m^3$，沼气热值为 $20800～23600kJ/m^3$，约相当于 $1.45m^3$ 煤气或 $0.69m^3$ 天然气的热值，对标准煤当量的折算关系 $0.7kJ/m^3$。

（3）清洁性好

沼气燃烧的主要产物为水，不会对环境产生污染，是一种清洁燃料。

（4）发酵副产品可以再利用

发酵过程中 N、P 和 K 等肥料成分几乎得到全部保留，发酵残渣可作为饲料或肥料。

4.7.1　生物沼气发酵过程原理

生物沼气发酵又称厌氧消化，是指多种发酵微生物在厌氧条件下，通过分解有机物产生沼气的过程。沼气生产是一个复杂的生物过程。生物沼气发酵的理论基础是沼气发酵微生物学。沼气发酵的理论有二阶段理论、三阶段理论、四阶段理论等。其中以三阶段理论最为广泛和普遍被接受。

三阶段理论把沼气发酵分成三个阶段，即水解发酵、产氢产乙酸和产甲烷阶段（图4.15）。

第一阶段是水解发酵。在这个阶段，复杂的有机物被厌氧菌的胞外酶分解成更简单的形式，如纤维素转化为单糖，蛋白质转化为氨基酚，脂肪转化为脂肪酸和甘油。然后简单的有机物经过厌氧发酵和产酸细菌的氧化作用转化为乙酸、丙酸、丁酸和乙醇。参与这一过程的主要发酵菌是厌氧菌和缺氧菌。

第二阶段是产氢产乙酸阶段。在这一阶段，产氢产乙酸菌将第一阶段的中间产物，如丙酸、丁酸和乙醇（但不包括乙酸、甲酸和甲醇）转化为乙酸和氢气。这个过程伴随着 CO_2 的产生。

第三阶段是产甲烷阶段。在这个阶段，产甲烷菌将第一阶段和第二阶段产生的乙酸、氢气和 CO_2 转化为甲烷。

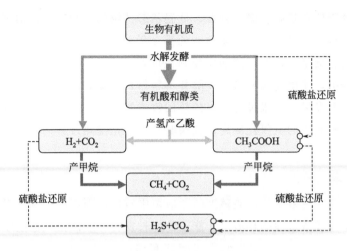

图 4.15　沼气发酵的三阶段理论

4.7.2　生物沼气发酵主要影响因素

沼气发酵的本质是一系列微生物活动。从微生物学的角度来说，沼气发酵是培养具有高活性的厌氧菌以获得高沼气产量的过程。在沼气发酵中，原料作为沼气生产的基质是过程中的主要环节。原料的特性，如温度、pH 值、碳氮比、营养成分、微量元素、有毒物质等，决定了消化速度、发酵时间和沼气产率。

（1）生物原料营养源

充足适宜的发酵原料是沼气发酵的物质基础，在发酵过程中，各种微生物通过吸收营养成分来提供自身生长和繁殖所需的能量。主要营养源来自原料中的碳、氮及无机盐。通常，碳氮元素要有合适的比例，一般 C/N＝20～30 可以维系正常发酵。

（2）厌氧环境

沼气发酵过程是一个严格厌氧过程，所以沼气池必须密闭，即不漏水、不漏气，这是人工制取沼气的关键。如果沼气发酵过程漏气，一方面引起沼气泄漏，另一方面造成有氧条件，致使厌氧甲烷细菌中毒，从而影响甲烷细菌的正常生命代谢过程。

（3）温度

温度通过影响厌氧菌内部的酶来影响微生物的生长速率和底物代谢速率。因此，温度影响污泥产率、有机物去除率和厌氧过程的负荷率。沼气发酵微生物温度的适应范围也不一样，一般分为 50～55℃的高温发酵（嗜热发酵）和 35～38℃的中温发酵。高温发酵产气快，但有机质分解也快。需要注意的是，45℃对任何厌氧过程都是不利的温度，它既不属于中温尺度也不属于嗜热尺度，而是介于两者之间。在此温度下厌氧微生物的活性一般很低，因此应避免在此温度下运行厌氧反应器。

厌氧生物对温度波动敏感：当温度超过生长温度范围的上限时，细菌就会死亡。如果温度过高、持续时间过长，即使温度恢复到正常操作窗口，细菌活性也可能无法恢复。当温度超过生长温度范围的下限时，细菌不会死亡，而是停止工作或进入缓慢的新陈代谢状态并处于休眠状态。温度越低，低温状态持续的时间越长，沼气产量降低得越多，恢复正常后越难恢复。厌氧消化性能的温度敏感性与有机负荷率直接相关。因此，应维持稳定的反应器温度，温度波动应控制在每天±2℃以内。

在沼气工程中，使用高温或嗜热发酵并不容易，主要有两个原因：一是嗜热温度的能源成本高于中温发酵，如果没有适当的热回收或廉价的供热，反应器的运行成本可能会很高；二是某些底物的氨氮比例高，细菌驯化可能是嗜热过程的一个问题，导致在高温下不利于消化反应。

（4）pH 值或酸碱度

一般地，不产甲烷微生物对酸碱度的适应范围较广，而产甲烷细菌对酸碱度的适应范围较窄，在中性或微碱性的环境里才能正常生长发育。所以沼气池里发酵液的 pH 值一般为 6.5～8.0。pH 值过高或过低都对产气有抑制作用，当 pH＜5.5 时，产甲烷菌的活动则完全受到抑制。

（5）混合条件

沼气发酵过程当中，适当的混合条件能够有效促进发酵速率和处理效率。混合可以使发酵罐内的温度和浓度分布更为均匀，使微生物和发酵原料充分接触，加快发酵速率和增大产气量。根据发酵规模，混合方式有机械搅拌、液体搅拌和气体搅拌等。

4.7.3 生物沼气发酵技术工艺及设备

4.7.3.1 沼气发酵工艺系统

沼气发酵工艺系统通常包括发酵原料的收集和前（预）处理，沼气的生产或发酵，沼气的净化、储存、输配与利用，沼气发酵副产品沼渣、沼液的综合利用（或进一步深度处理达标）等全系统工艺。典型的沼气发酵及发电工艺流程及系统示意如图 4.16 所示。

沼气发酵系统的每个阶段，包括预处理、发酵、营养投加、分离、脱硫和储存，都必须进行适当的设计和维护。

4.7.3.2 沼气反应器

工业常用的典型沼气反应器包括升流式固体反应器（USR）、完全混合反应器（CSTR）、塞流式反应器（PFR）、升流式厌氧污泥床（UASB）和内循环厌氧反应器（IC）等。其优缺点比较见表 4.11。

4.7.3.3 主要后处理设备

（1）脱硫

厌氧消化产生的沼气主要含有 CH_4 和 CO_2，以及一些微量气体，如 H_2、N_2 和 H_2S。通常 CH_4 的百分比为 55%～65%，CO_2 的百分比为 35%～40%。沼气中 H_2S 的产生有两个来源：蛋白质水解后脱硫化氢和脱氨的反应，以及底物硫酸盐中 SO_4^{2-} 的脱氧反应。H_2S 溶于水可变成硫酸，具有很强的腐蚀性，会严重损坏发酵设备；H_2S

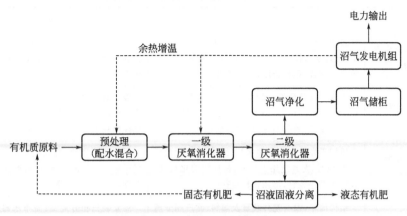

(a) 沼气发酵及发电工艺流程

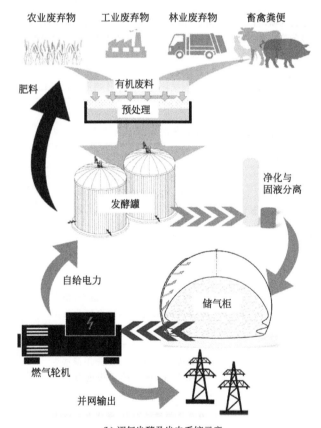

(b) 沼气发酵及发电系统示意

图 4.16　典型的沼气发酵及发电工艺流程及系统示意

的毒性也会引起人员安全问题。虽然 CH_4 和 CO_2 都是无色无味和无毒气体,但沼气具有的气味和毒性主要是由于 H_2S 的存在。

目前沼气脱硫的原理包括化学、化学-生物、生物和物理化学过程,方法包括干法、湿法和生物法等。常见的沼气脱硫工艺技术经济比较见表 4.12。

表 4.11　典型沼气发酵反应器优缺点比较

反应器名称	优点	缺点
升流式固体反应器（USR）	适用 TS=5%~8% 畜禽粪污；设置布水系统，通过水力搅拌及气体搅拌达到物料与菌种的充分混合；运行费用低，管理简单	对进料均布性要求高；对长纤维及悬浮较高的物料需做好预处理进料浓度；同容积产气率偏低
完全混合反应器（CSTR）	高浓度发酵原料，可以在高固体浓度（TS=8%~12%）下运行；消化能力大、产沼气量大、操作方便、启动容易、运行成本低	停留时间短、物料利用率低；大型消化器难完全混合；高浓度搅拌导致物料流失；机械搅拌耗能高，增加运行及维护费用
塞流式反应器（PFR）	适用于高浓度畜禽粪水，总固体（TS）含量可大于12%，尤其适用于牛粪、秸秆的消化处理；有机械搅拌装置，增强物料搅拌	反应器容积小，停留时间长（>30d）；物料呈活塞式推流状态，菌种流失严重；机械搅拌功率大，耗能高
升流式厌氧污泥床（UASB）	结构简单，没有搅拌装置及填料（除三相分离器）；负荷率高；工艺稳定性强；出水悬浮物（SS）含量低	需安装三相分离器；需布水器，使进料均匀；在水力负荷较高或 SS 负荷较高时易流失固体和微生物
内循环厌氧反应器（IC）	通过内循环自动稀释进水，保证反应室进水浓度的稳定性；仅需要较短的停留时间，适用于可生化性较好的废水处理；抗冲击负荷效果好，容积负荷高，投资成本少；上升流速大，SS 不会在反应器内大量积累，可保持污泥较高活性	在污水可生化性不太好的情况下，由于水力停留时间较短，去除率没有 UASB 高，增加了好氧负担；由于气体内循环，易导致出水水量不稳定，出水水质相对不稳定，影响后序处理工艺

表 4.12　常见的沼气脱硫工艺技术经济比较

沼气脱硫方式	原理	工作过程	特点
干法脱硫	用氧气将硫化氢氧化成硫或硫氧化物	在一个容器内放入填料，填料层有活性炭、氧化铁等。气体以低流速从一端经过反应器填料层，硫化氢氧化成硫或硫氧化物后留在填料层中，净化后气体从反应器另一端排出	结构简单，使用方便；工作过程中无需人员值守，定期换料，一用一备，交替运行；脱硫率新原料时较高，后期有所降低；运行费用较低
湿法脱硫	分为物理吸收法、化学吸收法和氧化法三种。物理和化学方法存在硫化氢再处理问题，氧化法是以碱性溶液为吸收剂，加入氧气为催化剂，吸收硫化氢，并将其氧化成单质硫	湿法氧化法是把脱硫剂溶解在水中，液体进入设备，与沼气混合，沼气中的硫化氢与液体发生氧化反应，生成单质硫，吸收硫化氢的液体有氢氧化钠、氢氧化钙、碳酸钠、硫酸亚铁等。工程中，一般先用湿法进行粗脱硫，再通过干法进行精脱硫	设备可长期不停地运行，连续进行脱硫；用 pH 值来保持脱硫效率，运行费用低；工艺复杂，需要专人值守；设备需保养；与干式相比，需要定期换料
生物脱硫	包括生物过滤法、生物吸附法和生物滴滤法，其微生物菌种随环境改变而变化	在生物脱硫过程中，氧化态的含硫污染物必须先经生物还原作用生成硫化物或硫化氢然后再经生物氧化过程生成单质硫才能去除。大多数生物反应器中，微生物以细菌为主。常用的细菌是硫杆菌属的氧化亚铁硫杆菌、脱氮硫杆菌及排硫杆菌。最成功的代表是氧化亚铁硫杆菌	不需催化剂和氧化剂（空气除外）；不需处理化学污泥；产生很少的生物污染，低能耗，回收硫，效率高，无臭味；缺点是过程不易控制，条件要求苛刻等；目前国内还未规模化工业应用

从能源与环境协调性的角度考虑，生物脱硫是一种具有潜力的脱硫方式。对于大多数沼气发电应用，H_2S 体积浓度低于 5000×10^{-6}。在这一水平上，应考虑采用生物脱硫方法。对于一些含有体积浓度高达 30000×10^{-6} 的 H_2S（如洗涤液发酵）的沼气，应使用化学-生物系统。

生物脱硫指在适当的温度、湿度和微氧条件下，通过脱硫菌的代谢作用将 H_2S 转化为 S 的过程。反应过程为：$H_2S + 2O_2 \longrightarrow H_2SO_4$ 和 $2H_2S + O_2 \longrightarrow 2S + 2H_2O$。

生物脱硫法的关键是根据 H_2S 浓度和氧化还原电位的变化来控制反应装置中溶解氧的浓度。与化学和物理方法相比，主要优点是：效率较高，运营成本较低，操作更简单，二次污染小（图 4.17）。

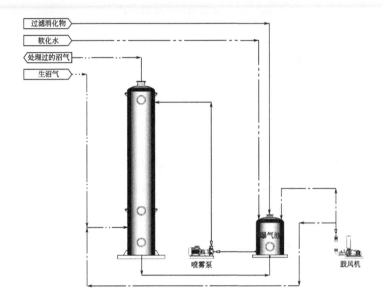

图 4.17　生物沼气脱硫设备

（2）储气

在大中型沼气项目中，沼气的产量有时会因原料处理速度的波动而变化。为了合理有效地平衡沼气生产和消费，通常采用储气库。电力项目所用储气库的容积通常按日产气量的 10% 设计。

常见的沼气储气库为双膜干式储气柜（图 4.18）。主要由外膜、内膜、基膜和混凝土基础组成。内膜和基膜之间的空腔用于沼气储存。外膜和内膜之间的空间是气密的。外膜膨胀成类似于球体的形状。储气柜还配备了防爆风机，可自动调节气体输入/输出，以保持储气柜的气压稳定。内、外膜和基底膜采用高频熔合工艺形成。这些材料经过特殊的表面处理，添加了高强度聚酯纤维和丙烯酸清漆。这种储气柜具有抗紫外线、防渗漏、膜耐腐蚀、耐沼气反应、抗拉强度高等优点。此外，双膜储气柜比水封储气柜、有盖容器和其他形式的储存更安全。

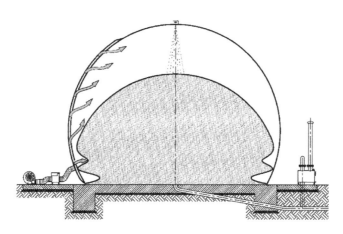

图 4.18   双膜干式沼气储气柜

4.7.4   生物沼气池的设计

生物沼气池的工艺设计应包括发酵原料的收集、前（预）处理，沼气的生产，沼气的净化、储存、输配与利用，沼渣、沼液的综合利用（或进一步深度处理达标）等全系统工艺。

生物沼气池的主要设计内容有：a.工艺技术流程的选择、确定及设计；b.各个处理单元的工艺技术参数的选择与确定；c.全系统的物料及能量的变化及平衡计算；d.各处理构筑物、建筑物、设施及设备的单元工艺设计。

4.7.4.1   前（预）处理系统设计

对于前（预）处理系统，包含有格栅、泵、固液分离设备、热交换器、沉砂池、调节池、酸化池（水解池）、集料池等的确定和设计。

4.7.4.2   厌氧消化池设计

对于核心设备厌氧消化池（即发酵反应器），应根据发酵原料的特性和本单元拟达到的处理目标选择合适的厌氧消化器。溶解性有机废水宜选用升流式厌氧污泥床（UASB）、厌氧滤器（AF）、升流式厌氧复合床（UBF）；高固体含量或其他难降解的有机废水宜选用完全混合式厌氧消化器（CSTR）、厌氧接触工艺（AC）和升流式厌氧固体反应器（USR）。

厌氧消化器的要求为：厌氧消化器应能适应多种类似性质的发酵原料。厌氧消化器的设计流量宜按发酵原料最大月日平均流量计算。厌氧消化器的个数以大于等于 2 个为宜，根据不同工艺按串联或并联设计。除升流式厌氧污泥床（UASB）外，其他类型的厌氧消化器均应密闭，并能承受沼气的工作压力。还应有防止产生超正、负压的安全设施和措施。对易受液体、气体腐蚀的部分应采取有效的防腐措施。厌氧消化器溢流管可采用倒 U 形管或溢流堰方式，应设有水封和通气孔，出口不得放在室内。厌氧消化器在适当的位置应设有取样口和测温点。

厌氧消化器的容积按下列公式确定：

（1）根据容积负荷计算：

$$V = qs_0/n_v \tag{4.44}$$

式中　V——厌氧消化装置有效容积，m^3；

　　　q——料液设计流量，m^3/d；

　　　s_0——进料浓度，kg/m^3；

　　　n_v——有机溶剂负荷，$kg\ COD/(m^3 \cdot d)$，或 $kg\ BOD_5/(m^3 \cdot d)$，或 $kg\ TS/(m^3 \cdot d)$。

（2）根据水力滞留时间计算：

$$V = qt \tag{4.45}$$

式中　V——厌氧消化装置有效容积，m^3；

　　　q——料液设计流量，m^3/d；

　　　t——水力滞留时间，d。

厌氧消化器容积计算中，容积负荷或滞留时间是最关键的核心参数。对于不同类型的消化器容积计算，其参数取值如表 4.13 所列。

4.7.4.3　厌氧消化液的处理与利用

厌氧消化液应首先考虑综合利用，不能利用的厌氧消化液应考虑进一步处理。当厌氧消化液用作叶面喷施或需进一步处理时，应先进行固液分离。

（1）沉淀池

沉淀池宜采用竖流式沉淀池或平流式沉淀池，其设计参数应根据厌氧消化出水水质的沉降试验确定，当缺乏沉降特性资料时，可参照同类处理废水沉淀性能参数。絮状污泥厌氧消化工艺的沉淀池的表面负荷不应大于 1m/h。沉淀池的超高不应小于 0.3m。沉淀池的有效水深宜采用 2～4m。沉淀池宜采用污泥斗排泥，每个污泥斗均应设单独的闸阀和排泥管。污泥斗的斜壁与水平面的倾角，方斗宜为 60°，圆斗宜为 55°。沉淀池的污泥区容积，宜按不大于 2d 的污泥量计算。排泥管的直径不应小于 200mm。当采用静水压排泥时，沉淀池的静压水头不应小于 1.5m。沉淀池出水堰最大负荷不宜大于 2.9L/(s·m)。平流式沉淀池的设计应符合《室外排水设计标准》（GB 50014—2021）第 7.5.10 条的规定。竖流式沉淀池的设计应符合《室外排水设计标准》（GB 50014—2021）第 7.5.11 条的规定。

（2）消化液储存池

消化液（沼液）作为液体肥料在施用前应储存 5d 以上。消化液储存池应能满足所种农作物均衡施肥要求。消化液储存池的容积应根据消化液的数量、储存时间、利用方式、利用周期、当地降雨量与蒸发量确定。消化液储存池的容积应不小于最大利用间隔期内厌氧消化装置消化液的排出量。消化液储存池应设浮渣及污泥排出设施。消化液储存池的设计宜考虑自流进入与排出，方便利用，节约能耗。应考虑非用肥或非灌溉季节沼液的储存量。

表 4.13　厌氧消化器容积设计参数推荐取值范围

消化池类型	适用对象	方法	适用条件	参数取值
完全混合式厌氧消化器（CSTR）	适合处理高固体含量或其他难降解的有机废水。采用一级消化或两级消化。在发酵原料温度足够充的条件下，宜采用两级消化	根据水力滞留时间或容积负荷确定	分类适用于不同温度和原料	常温（15℃~25℃）： 猪粪水：1.0~2.0kg TS/(m³·d)（停留时间 20~40d） 鸡粪水：1.0~2.0kg TS/(m³·d)（停留时间 20~60d） 牛粪水：1.3~2.0kg TS/(m³·d)（停留时间 20~60d） 中温（33~35℃）： 猪粪水：3.0~4.0kg TS/(m³·d)（停留时间 15d） 鸡粪水：3.0~4.0kg TS/(m³·d)（停留时间 15d） 牛粪水：3.0~4.0kg TS/(m³·d)（停留时间 15d） 酒精废水：3.0~5.0kg COD/(m³·d)（停留时间 6~15d）
厌氧接触工艺（AC）	适合处理悬浮物浓度和有机物浓度均高的有机废水	按有机容积负荷或水力滞留时间计算	中温或近中温条件	2.0~5.0kg COD/(m³·d)
升流式厌氧固体反应器（USR）	适合处理高固体含量（TS>5%）的有机废液	应根据容积负荷确定。容积负荷应根据原料种类、特性、要求处理程度及温度等因素确定	中温或近中温消化条件，处理畜禽粪便时	3~6kg COD/(m³·d)
厌氧滤器（AF）	适合处理溶解性的以及低浓度的有机废水	宜根据容积负荷确定。容积负荷应根据原料种类、特性、要求处理程度、填料性状以及消化温度确定，或由试验及参照类似废水工程的实际运行等资料确定	中温消化条件	2~12kg COD/(m³·d)
升流式厌氧污泥床（UASB）	适合处理悬浮物浓度≤2g/L的有机废水	根据容积负荷确定	分类适用于不同温度	高温（50~55℃）：10~20kg COD/(m³·d) 中温（30~35℃）：5~10kg COD/(m³·d) 常温（15~25℃）：2~5kg COD/(m³·d) 低温（10~15℃）：1~2kg COD/(m³·d)
升流式厌氧复合床（UBF）		根据容积负荷确定。容积应根据原料种类、特性、要求处理程度、填料性状以及消化温度确定，或由试验及参照类似废水工程的实际运行资料确定	中温消化条件	2~10kg COD/(m³·d)

（3）消化液的综合利用

厌氧消化液综合利用应先进行试验，并且经过安全性评价认为可靠后方能使用。厌氧消化液（沼液）可用作浸种、根际追肥或叶面喷施肥。浓度高的厌氧消化液应适当稀释后再使用。

（4）厌氧消化污泥的处置与利用

厌氧消化污泥（沼渣）可用作农作物的底肥、有机复合肥的原料、作物的营养体（土）以及养殖蚯蚓等，允许有害物质含量应符合《农用污泥污染物控制标准》（GB 4284—2018）的规定，必要时应进行无害化处理。当沼渣用作肥料时，应采用湿污泥池储存。湿污泥池的容积应根据污泥量和用肥量及用肥周期等因素确定。厌氧消化污泥脱水宜采用污泥干化床或机械脱水。污泥干化床设计应符合《室外排水设计标准》（GB 50014—2021）第 8.7 节的规定；污泥机械脱水设计应符合《室外排水设计标准》（GB 50014—2021）第 8.5 节的规定。干化床脱水过程产生的污泥水应进入消化液（沼液）储存池，与其一并处理或利用，机械污泥脱水过程中产生的污泥水应送入厌氧消化装置进行处理。

思考题

1. 简述生物质的概念及基本特点。

2. 简述生物质的化学组成。

3. 生物质的分类有哪些？

4. 生物质能源转化利用方式有哪些？

5. 简述生物质成型技术的分类和过程。

6. 简述生物质燃烧的物理化学过程或阶段。

7. 简述生物质燃烧的几种技术方式。

8. 简述生物质流化床燃烧的主要特征。

9. 生物质气化的概念、主要特点及气化原理。

10. 常见的生物质气化按气化剂工艺分类有哪几种？

11. 生物质气化的主要影响因素有哪些？

12. 图示生物质整体气化联合循环发电（BIGCC）的工艺流程。

13. 简述生物质热解的概念、基本原理及其影响因素。

14. 图示生物质快速热解的基本工艺流程。

15. 简述生物质液化的概念和分类。

16. 简述乙醇发酵原理。

17. 图示基于淀粉质和基于纤维质发酵制备生物乙醇的工艺。

18. 列表比较酯化法、生物酶催化法、超临界法制备生物柴油的工艺、参数、性能等。

19. 简述沼气的主要成分及沼气发酵的微生物过程原理。

20.简述沼气发酵的影响因素。

21.图示并简述沼气发酵的基本工艺流程。

参考文献

[1] 王革华.新能源技术概论 [M].2 版.北京：化学工业出版社，2012.

[2] 苏亚欣.新能源与可再生能源概论 [M].北京：化学工业出版社，2006.

[3] 肖睿.生物质利用原理与技术 [M].北京：中国电力出版社，2021.

[4] 彭好义，李昌珠，蒋绍坚.生物质燃烧和热转换 [M].北京：化学工业出版社，2020.

[5] 雅客·范鲁，耶普·克佩耶.生物质燃烧与混合燃烧技术手册 [M].北京：化学工业出版社，2008.

[6] 陈勇.生物质能技术与发展战略研究 [M].北京：机械工业出版社，2021.

[7] 袁振宏.生物质能资源 [M].北京：化学工业出版社，2020.

[8] 黄冠华.生物质能工程 [M].北京：中国石化出版社，2020.

[9] 陈汉平，杨世关.生物质能转化原理与技术 [M].北京：中国水利水电出版社，2018.

[10] 陈冠益，马隆龙，颜蓓蓓.生物质能源技术与理论 [M].北京：科学出版社，2017.

[11] 刘灿.生物质能源 [M].北京：电子工业出版社，2016.

[12] 袁振宏，吴创之，马隆龙.生物质能利用原理与技术 [M].化学工业出版社，2016.

[13] 孙传伯.生物质能源工程 [M].合肥：合肥工业大学出版社，2015.

[14] 刘飞翔.生物质能产业发展中政府规制与激励 [M].北京：人民日报出版社，2016.

[15] 胡松，杨海平，廖奇志.生物质能 [M].北京：中国水利水电出版社，2015.

[16] 袁振宏.生物质能高效利用技术 [M].北京：化学工业出版社，2015.

[17] 张蕴薇.生物质能源工程：能源草概论 [M].北京：化学工业出版社，2014.

[18] 田宜水，姚向君.生物质能资源清洁转化利用技术 [M].北京：化学工业出版社，2014.

[19] 贾敬敦.生物质能源产业科技创新发展战略 [M].北京：化学工业山版社，2014.

[20] 周凤翔，赵保庆，朱晓红.生物质能政策与法律问题研究 [M].上海：上海科学技术出版社，2013.

[21] 梁栢强.生物质能产业与生物质能源发展战略 [M].北京：北京工业大学出版社，2013.

[22] 崔宗均.生物质能源与废弃物资源利用 [M].北京：中国农业大学出版社，2011.

[23] 钱伯章.生物质能技术与应用 [M].北京：科学出版社，2010.

[24] 吴占松，马润田，赵满成.生物质能利用技术 [M].北京：化学工业出版社，2010.

[25] 刘荣厚.生物质能工程 [M].北京：化学工业出版社，2009.

[26] 刘广青，董仁杰，李秀金.生物质能源转化技术 [M].北京：化学工业出版社，2009.

[27] 张建安，刘德华.生物质能源利用技术 [M].北京：化学工业出版社，2009.

[28] 吴创之，马隆龙.生物质能现代化利用技术 [M].北京：化学工业出版社，2003.

[29] 肖波，周英彪，李建芬.生物质能循环经济技术 [M].北京：化学工业出版社，2006.

[30] 刘荣厚，牛卫生，张大雷.生物质热化学转化技术 [M].北京：化学工业出版社，2005.

[31] 吴迪，戴万宝，崔昶.130t/h 高温高压燃生物质循环流化床锅炉介绍 [J].余热锅炉，2013 (4)：20-23.

[32] 任高飞，王军，王君峰，等.130t/h 生物质循环流化床锅炉的设计与运行 [J].电力学报，2021，36 (5)：404-410.

[33] 向柏祥，张缦，吴玉新，等.100MWe 生物质循环流化床锅炉的开发 [J].锅炉技术，2013，44 (4)：27-32，21.

[34] 黄三，顾珊，刘茂省，等.浅谈 20t/h 生物质循环流化床气化锅炉系统的设计 [J].能源与环境，2021，3：26-28.

[35] 田红，廖正祝.农业生物质燃烧特性及燃烧动力学 [J].农业工程学报，2013，29 (10)：203-212.

［36］　王树荣，廖艳芬，骆仲泱，等.生物质热裂解制油的动力学及技术研究［J］.燃烧科学与技术，2002，8（2）：176-180.

［37］　宋秋，任永志，孙波.生物质气化炉设计要点［J］.节能与环保，2002（2）：49-51.

［38］　陈冠益，高文学，颜蓓蓓，等.生物质气化技术研究现状与发展［J］.煤气与热力，2006（7）：20-26.

［39］　王艳，陈文义，孙姣，等.国内外生物质气化设备研究进展［J］.化工进展，2012，31（8）：1656-1664.

［40］　中华人民共和国农业农村部.沼气工程技术规范　第 1 部分：工程设计：NY/T 1220.1—2019［S］.北京：中国农业出版社，2019.

第5章

氢能及燃料电池

氢能被视为21世纪最具发展潜力的清洁能源，是一种来源广泛、清洁无碳、灵活高效、最具潜力的二次能源和含能体能源之一。氢能被认为是推动传统石化能源高效清洁利用和支撑可再生能源大规模发展的理想互联媒介，是工业、交通、农业、建筑业等领域大规模深度脱碳的最佳选择。氢能主产业链可概括为"氢能制取、氢能储运、氢能使用"三个环节。本章将就以上方面的内容加以介绍。

5.1 氢能概述

氢能（hydrogen energy）是指以氢及其同位素为主体的反应中或氢状态变化过程中所释放的能量。氢能具有以下几个方面的特点。

（1）储量丰富

氢是宇宙中分布最广泛的物质，它构成了宇宙质量的75%。但是氢能属于二次能源，在自然界中并不直接独立存在，主要以化合态的形式出现，分离提纯需要一定的成本。

（2）清洁性和零碳排放

氢能的利用几乎不产生 CO_2 的排放，为"碳达峰"及"碳中和"目标的实现提供了广阔空间。

（3）燃烧性能好

氢气与空气混合时有广泛的可燃范围，且燃烧速度快。

（4）热值高

除核燃料外，氢的发热值是所有化石燃料、化工燃料和生物燃料中最高的：是汽油的 3 倍、乙醇的近 4 倍、煤炭的 5~6 倍。

（5）利用形式多样

氢可以气态、液态或固态的金属氢化物出现，能适应多种储运及应用环境的不同要求。

氢能的上述优点使它成为能源转型中的理想替代能源之一，既能替代一部分传统化石能源作为燃料直接使用，又可通过燃料电池在能源转换和储能中发挥灵活作用，还可在工业过程中替代传统工艺中的高碳能源。在远期"碳中和"实现的过程中，预计氢能的地位和作用将越发重要。未来，氢能将渗透国民经济和社会发展的各个方面，形成氢能经济（图 5.1）。

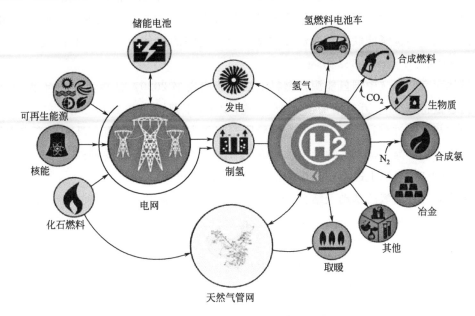

图 5.1　未来氢能技术及氢能经济

（6）安全性与危险性并存

氢能属于易燃易爆物质，所以其储存、输运和应用都具有一定的危险性。

一般认为，发展氢能具有以下积极意义：a. 推动能源结构转型，保障能源安全；b. 降低温室气体与污染物排放；c. 带动上下游产业，提供经济增长强劲动力。

当前，国际氢能产业进入快速发展期。美国、欧洲、俄罗斯、日本等主要工业化国家和地区均已将氢能纳入国家能源战略规划，氢能产业的商业化步伐不断加快。根据国际氢能委员会最近发布的报告，自 2021 年 2 月以来，全球范围内已经宣布了 131 个大型氢能开发项目，全球项目总数达到 359 个。预计到 2030 年，全球氢能领域的投资将激增至 5000 亿美元。国际氢能委员会预测，到 2050 年，全球氢能产业将创造 3000 万个工作岗位，减少 60 亿吨二氧化碳排放，创造 2.5 万亿美元的市场规模，并在全球能源消费占比达到 18%。该报告特别指出，中国未来有望领跑全球氢能产业发展。预计到 2050 年，氢能在中国能源领域的占比有望达到 10%。

5.2　氢能制取

氢能的制取有多种方式。根据世界能源理事会的定义，"灰氢"是通过化石能源、工业副产等伴有大量二氧化碳（CO_2）排放制得的氢；"蓝氢"是在灰氢的基础上，将

CO_2 副产品捕获、利用和封存（CCUS），实现低碳制氢；"绿氢"是通过可再生能源（如风电、水电、太阳能）等方法制氢，生产过程基本不会产生温室气体。

目前国际主要使用天然气制氢，我国则以煤制氢为主。目前，全球制氢技术的主流选择是化石能源制氢，主要是由于化石能源制氢的成本较低，其中天然气重整制氢由于清洁性好、效率高、成本相对较低，占到全球48%。我国能源结构为"富煤少气"，煤制氢成本要低于天然气制氢，因而国内煤制氢占比最大（64%），其次为工业副产制氢（21%）。根据中国氢能联盟与石油和化学工业规划院的统计，2019年我国氢气产能约4100万吨/年、产量约3342万吨/年。

整体而言，据《中国氢能源及燃料电池产业白皮书2020》估算，2030年我国氢气的年需求量将从3342万吨增加至3715万吨，2060年则增加至1.3亿吨左右。"蓝氢"则成为"灰氢"过渡到"绿氢"的重要阶段。灰氢中工业副产制氢，具有生产成本低、技术成熟、效率高等优点，预计未来我国PDH（丙烷脱氢）扩产将超过3000万吨/年，将带来90万吨/年以上的副产氢潜在增量，增长潜力可观。

虽然蓝氢在灰氢的基础上结合CCS技术，成本有所提升，但是依然低于绿氢成本，因此看好蓝氢未来的增长空间。绿氢其经济性受电价的影响较大。如果按照平均工业电价0.6元/(kW·h)计算，产氢成本为40~50元/kg，明显偏高。据估算，当电价低于0.3元/(kW·h)时，电解水制氢成本与其他工艺路线相当。从增长空间来看，受益于可再生能源成本下降以及碳排放约束，2020~2030年间绿氢比例将从3%上升至15%。2050年我国氢能需求量将接近6000万吨，长期来看，绿氢占比有望大幅提升。

表5.1列出了典型制氢技术的发展现状。下面介绍几种重要的工业制氢技术。

表5.1 典型制氢技术的发展现状

类型	工艺路线	产量(标准状况)/(m³/h)	碳排放量/(kg CO₂/kg H₂)	技术成熟度
灰氢	煤制氢	1000~200000	19	成熟
	天然气制氢	200~200000	约9.5	成熟
蓝氢	煤制氢+CCS	1000~200000	<2	示范
	天然气制氢+CCS	200~200000	<1	示范
	甲醇裂解制氢	50~500	8.25	成熟
	化工过程副产氢	—	有	成熟
绿氢	电解水制氢	0.01~40000	<1~3	初步成熟

5.2.1 煤气化制氢

煤气化制氢是我国当前大规模稳定制取廉价工业氢能的主要途径。

煤制氢技术包括直接和间接两种工艺。直接制氢工艺包括煤的焦化（高温干馏）和气化，从气体产物中提取氢。间接工艺是把煤转化为甲醇，然后由甲醇重整制氢。

5.2.1.1 煤气化制氢过程原理

煤气化制氢是在高温条件下煤中的碳与水蒸气发生的反应，主要包括：

$$C(s)+H_2O(g) \longrightarrow CO(g)+H_2(g) \tag{5.1}$$

$$CO(g)+H_2O(g) \longrightarrow CO_2(g)+H_2(g) \tag{5.2}$$

在化石能源制氢过程中都将排放出温室气体 CO_2。因此，很多研究者针对如何进行 CO_2 的捕集、利用和封存等进行了大量研究工作，并提出了多种近零排放的工艺。

5.2.1.2 工艺流程

煤气化制氢工艺流程如图 5.2 所示。其基本过程为：首先是将煤经气化炉制取煤气，煤气中含有以 CO 为主包含 H_2、CH_4 等的合成气，经过脱硫除尘等净化后与水蒸气进行水煤气变换反应，最后经分离提纯等获得 H_2 和副产品 CO_2。煤的气化技术是煤制氢的核心。

煤气化过程的主要影响因素，同一般气化包括生物质气化过程的影响因素相类似。

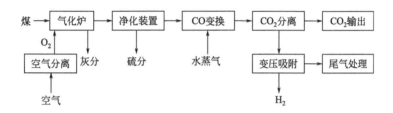

图 5.2　煤气化制氢工艺流程

5.2.1.3 主要技术性能

当前，传统煤制氢采用固定床、流化床、气流床等工艺。合成气中 CO_2、CO 等体积分数高达 $45\% \sim 70\%$，碳排放较高且存在 SO_2 等污染物。近年来，超临界水气化制氢技术得到发展。它利用超临界水（温度 $\geq 374℃$、压力 $\geq 22.1MPa$）作为均相反应媒介，具有产率高、氢含量高、污染低等特点，但目前尚未大规模产业化。

各种煤气化制氢的技术经济比较见表 5.2。

表5.2　各种煤气化制氢的技术经济比较

技术	固定床	流化床	气流床（粉煤）	气流床（水煤浆）	超临界水煤气化
气化炉	中试加压气化炉	常压 Winkler	Shell	气化炉	多喷嘴气化炉
气化温度/℃	560	$816 \sim 1204$	1450	1260	650
气化压力/MPa	$2 \sim 2.5$	0.1	3.0	3.8	26
合成气 H_2 占比/%	$38.1 \sim 38.6$	40	25.90	34.70	80
合成气 CO_2 占比/%	$32.6 \sim 34$	19.50	0.90	18	0.20
合成气 CO 占比/%	$14 \sim 14.7$	36	68.40	48.30	—
合成气 H_2S 含量/%	0.3	0.3	0.13	0.24	以硫化盐形式固化

技术	固定床	流化床	气流床(粉煤)	气流床(水煤浆)	超临界水煤气化
其他污染物	焦油产率0.35%；轻油产率0.11%	不含酚类及焦油等污染物	不含酚类及焦油等污染物	不含酚类及焦油等污染物	不含酚类及焦油等污染物
冷煤气效率/%	79.3~81.9	74.40	82	74.90	123.90
技术成熟度	大规模工业应用	大规模工业应用	大规模工业应用	大规模工业应用	尚未产业化

5.2.2 天然气制氢

天然气作为清洁化石能源的一种，用其作为原料实现规模化制氢已成为工业上重要的制氢技术之一。进行天然气制氢工艺的研究能够增强环境保护的力度，提高资源的有效利用，具有良好的社会效益和经济效益。

天然气蒸汽重整制氢是指在一定温度、压力及催化剂作用下，天然气中的烷烃分子与水蒸气发生重整反应产生氢气的过程。

典型的天然气制氢工艺包括天然气水蒸气重整制氢、天然气部分氧化法制氢、天然气自热重整制氢和天然气绝热转化制氢等几种工艺，其主要技术工艺比较见表5.3。

5.2.2.1 天然气水蒸气重整制氢过程原理

天然气水蒸气重整制氢主要化学反应包括：

转化反应：

$$CH_4 + H_2O \longrightarrow CO + 3H_2 - 206kJ \tag{5.3}$$

变换反应：

$$CO + H_2O \longrightarrow CO_2 + H_2 + 41kJ \tag{5.4}$$

总反应为：

$$CH_4 + 2H_2O \longrightarrow CO_2 + 4H_2 - 165kJ \tag{5.5}$$

两个反应均在一段转化的管式炉内完成，反应温度为650~850℃，出口温度约为820℃。

若原料气是按下式配比，则可得到CO：H_2＝1：2的合成气：

$$3CH_4 + CO_2 + 2H_2O \longrightarrow 4CO + 8H_2 + 659kJ \tag{5.6}$$

可见，天然气水蒸气重整反应是强吸热反应，反应过程需要吸收大量热量。因此，它具有能耗高的缺点。

5.2.2.2 工艺流程

天然气水蒸气重整制氢工艺由四大单元组成，分别为原料气预处理单元、蒸汽转化单元、CO变换单元和H_2提纯单元，如图5.3所示。

表5.3 主要天然气制氢主要技术工艺比较

工艺类型	原理	技术参数	特点	成熟度
天然气水蒸气重整制氢	包括原料的预热和预处理、重整、水气变换、CO的除去和甲烷化。是强吸热反应，反应所需的热量由天然气的燃烧供给	重整反应要求在高温下进行，温度维持在750~920℃，反应压力通常在2~3MPa	制氢过程能耗高，仅燃料成本占50%以上，需要耐高温不锈钢反应器。水蒸气重整反应速度慢，单位体积的制氢能力较低，通常需要建造大规模装置，投资较高	甲烷水蒸气重整是目前工业上天然气制氢应用最广泛的方法
天然气部分氧化法制氢	是轻放热反应	反应速率比水蒸气重整反应快1~2个数量级	过程能耗低，可实现自热反应。可采用大空速操作。可避免使用耐高温的合金钢管反应器，固定投资低。需要增加空分制氧装置	催化剂床层的局部过热，催化材料的反应稳定性以及操作体系潜在的危险。安全性等问题导致甲烷催化部分氧化制氢工业化较为困难
天然气自热重整制氢	由甲烷催化部分氧化法和甲烷水蒸气重整反应两部分组成，一个是吸热反应，另一个是放热反应，可实现自热供热		变外供热为自供热，为合理，既可限制反应器内的高温，同时又降低了体系的能耗。生产成本较低。需耐高温的不锈钢反应器，投资较高，生产能力较低	
天然气绝热转化制氢	是甲烷经高温催化分解为氢和碳，该过程基本不产生二氧化碳的吸热反应	能耗小于水蒸气重整法	流程短和操作单元简单，可明显降低制氢装置投资和制氢成本	大规模工业化应用需解决副产碳应用问题

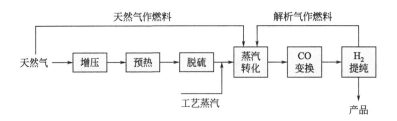

图 5.3　天然气水蒸气重整制氢工艺流程

这个过程具体包括：

① 原料气预处理单元：主要目的是对原料气进行脱硫处理。天然气中含有的硫元素不仅会影响产品氢气的品质，还会对一些反应设备造成腐蚀，因此应设法将其去除。本单元主要利用某些脱硫剂对原料气进行脱硫。

② 蒸汽转化单元：为主要反应单元，该单元的反应较为复杂。反应时以水蒸气作为氧化剂，利用镍催化剂使天然气中的烃类物质发生转化反应，得到氢气和一氧化碳。

③ CO 变换单元：天然气蒸汽转化反应会产生大量的 CO，其可在本单元催化剂的作用下与水蒸气发生转化反应生成 CO_2 和 H_2 以提高氢气产量。

④ H_2 提纯单元：反应生成的产品氢气中通常含有部分杂质，需要经过提纯处理后进行使用。

5.2.3　可再生能源电解水制氢

可再生能源电解水制氢即"绿氢"。

电解水制氢的原理是在充满电解液的电解槽中通入直流电，水分子在电极上发生电化学反应，分解成氢气和氧气。根据电解槽隔膜材料的不同，电解水制氢主要分为碱性（AW）电解水、质子交换膜（PEM）电解水和固体氧化物电解水（SOEC）三类。其中碱性电解水技术已经实现工业规模化产氢，技术成熟；PEM 处于产业化发展初期；SOEC 还处在实验研发阶段。

5.2.3.1　碱性（AW）电解水制氢

碱性电解水制氢较为经济、易于操作，但其效率较低。碱性电解水制氢原理如图 5.4 所示。

碱性电解水制氢系统主要由电源、电解槽箱体、电解液、阴极、阳极和横隔膜组成。通常电解液都是氢氧化钾溶液（KOH），浓度为 20%～30%（质量分数），横隔膜主要由石棉组成，主要起分离气体的作用，而 2 个电极则主要由金属合金组成，例如 Raney-Ni，Ni-Mo，Ni-Cr-Fe，主要是分解水，产生氢和氧。电解槽工作温度为 70～100℃，压力为 100～3000kPa。在阴极，2 个水分子（H_2O）被分解为 2 个氢离子（H^+）和 2 个氢氧根离子（OH^-），氢离子得到电子生成氢原子，并进一步生成氢分子（H_2），而那两个氢氧根离子（OH^-）则在阴、阳极之间的电场力作用下穿过多孔的横隔膜，到达阳极并失去两个电子生成 1 个水分子和 1/2 个氧分子。阴、阳极的反应

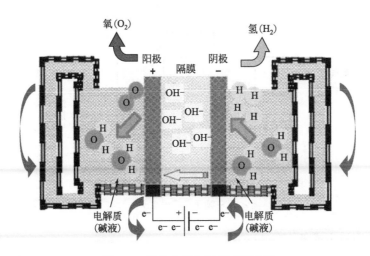

图 5.4　碱性电解水制氢原理示意

式分别如下。

阴极：

$$2H_2O+2e^- \longrightarrow H_2+2OH^- \tag{5.7}$$

阳极：

$$2OH^- \longrightarrow 1/2O_2+H_2O+2e^- \tag{5.8}$$

影响碱性电解水性能的因素通常如下。

① 电极结构：相对于单极式电解，目前广泛使用的碱性电解槽多为双极式电解以提高电解效率。

② 电解电流：为了进一步提高电解效率，通常可通过减小电压而增大通过电解槽的电流。减小电压可以通过发展新的电极材料和横隔膜材料，以及新的电解槽结构如零间距结构来实现。例如 Raney-Ni 和 Ni-Mo 等合金作为电极能有效加快水的分解和提高效率。而由于聚合物的良好的化学、机械的稳定性，以及气体不易穿透等特性，将取代石棉材料成为未来的横隔膜材料。

③ 温度：电解效率还可以通过提高反应温度实现，温度越高，电解液阻抗越小，效率越高。而零间距结构则是一种新的电解槽构造，由于电极与横隔膜之间的距离为零，有效降低了内部阻抗，减少了损失，从而提高了效率。

由于碱性电解水制氢技术总体效率较低，因此新型的电解水制氢技术包括质子交换膜和高温氧化物电解水技术被相继发展以提高其效率。

5.2.3.2　质子交换膜（PEM）电解水制氢

质子交换膜是基于离子交换技术的高效电解槽，其工作原理如图 5.5 所示。

质子交换膜电解水制氢系统是由两电极和质子交换膜组成，质子交换膜通常与电极催化剂成一体化结构。在这种结构中，以多孔的铂材料作为催化剂结构的电极是紧贴在交换膜表面的。薄膜由 Nafion 组成，包含有 SO_3H，水分子在阳极被分解为氧和 H^+。而 SO_3H 容易分解成 SO_3 和 H^+，H^+ 和水分子结合成 H_3O^+，在电场作用下穿过薄膜

新能源与可再生能源工程

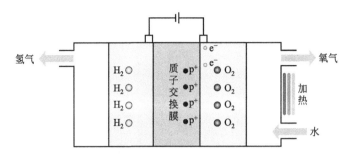

图 5.5　质子交换膜电解水制氢工作原理示意

P⁺—质子；e⁻—电子

到达阴极，在阴极生成氢。

PEM 电解槽不需电解液，只需纯水，比碱性电解槽安全、可靠。使用质子交换膜作为电解质具有高的化学稳定性、高的质子传导性、良好的气体分离性等优点。由于较高的质子传导性，PEM 电解槽可以工作在较高的电流下，从而增大了电解效率。并且由于质子交换膜较薄，减小了欧姆损失，也提高了系统的效率。目前 PEM 电解槽的效率可以达到 85% 或以上，但由于在电极处使用铂等贵重金属，Nafion 也是很昂贵的材料，故 PEM 电解槽目前还难以大规模使用。为了进一步降低成本，目前的研究主要集中在如何降低电极中贵重金属的使用量以及寻找其他的质子交换膜材料。随着成本的降低，该技术将成为主要的制氢技术之一。

5.2.3.3　固体氧化物（SO）电解水制氢

固体氧化物电解水制氢由于工作在高温下，部分电能由热能代替，效率很高，并且成本也不高，其原理如图 5.6 所示。

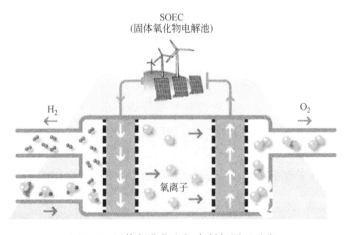

图 5.6　固体氧化物电解水制氢原理示意

高温水蒸气进入管状电解槽后，在内部的负电极处被分解为 H^+ 和 O^{2-}，H^+ 得到电子生成 H_2，而 O^{2-} 则通过电解质 ZrO_2 到达外部的阳极，生成 O_2。固体氧化物电解槽目前是三种电解槽中效率最高的，并且反应的废热可以通过汽轮机、制冷系统等利用

144

起来，使得总效率达到 90％，但由于工作在高温下（600～1000℃），也存在着材料和使用上的一些问题。

适合用作固体氧化物电解槽的材料主要是 YSZ（yttria-stabilized zirconia）。这种材料并不昂贵，但由于制造工艺比较昂贵，使得固体氧化物电解槽的成本也高于碱性电解槽的成本。

其他的比较便宜的制造技术如电化学气相沉淀法和喷射气相沉淀法正在研究之中，有望成为以后固体氧化物电解槽的主要制造技术。各国的研究重点除了发展制造技术外，同时也在研究中温（300～500℃）固体氧化物电解槽以降低温度对材料的限制。随着技术进步和成本降低，固体氧化物电解技术将和质子交换膜电解槽成为电解水制氢的主要技术。

5.2.3.4　技术经济性能

上述几种典型的电解水制氢技术的技术经济比较见表 5.4。

表 5.4　电解水制氢技术的技术经济比较

技术经济指标	AW 电解水制氢系统	PEM 电解水制氢系统	SO 电解水制氢系统
运行温度/℃	70～90	70～80	600～1000
电流密度/(A/cm²)	0.2～0.4	1.0～2.0	1.0～10.0
单台装置制氢规模(标准状况)/(m³/h)	0.5～1000	0.01～500	—
电解槽能耗/(kW·h/m³)	4.5～5.5	3.8～5.0	2.6～3.6
系统转化效率/%	60～75	70～90	85～100
系统寿命/a	10～20	10～20	—
启停速度	热启停:分钟级 冷启停:>60min	热启停:秒级 冷启停:5min	启停慢
动态响应能力	较强	强	较弱
电源质量需求	稳定电源	稳定或波动电源	稳定电源
负荷调节范围	15%～100%额定负荷	0%～160%额定负荷	—
系统运维	有腐蚀性液体,后期运维复杂,运维成本高	无腐蚀性液体,运维简单,运维成本低	目前以技术研究为主,尚无运维需求
占地面积	较大	较小	—
电解槽价格/(元/kW)	2000～3000、6000～8000(进口)	7000～12000	—
特点	技术成熟、成本低、易于实现大规模应用,但实际电能消耗较大,需要稳定电源	占地面积小、间歇性电源适应性高、易于实现与可再生能源结合,但设备成本较高	高温电解能耗低、可采用非贵金属催化剂,但存在电极材料稳定性问题,需要额外加热
与可再生能源结合	适用于稳定电源装机规模较大的电力系统	适配波动性较大的可再生能源发电系统	适用于产生高温、高压蒸汽的光热发电系统
技术成熟度	大规模应用	小规模应用	尚未商业化

在较长时间内，碱性电解水制氢仍是主要的电解水制氢。碱性电解水制氢技术成熟，配套成本低，但耗电量高于其他技术路线；PEM 在耗电量和产氢纯度方面都占优，但由于质子交换膜等核心部件依赖进口，电解槽成本昂贵，因此总体成本比电解水制氢高 40% 左右。随着核心部件国产化、技术进步及规模效应降本，据预计 2030 年 PEM 在电解水中的市占率将达到 10%。

除此之外，电解水制氢中的水耗、能耗和总效率也是其技术经济性能的重要考量指标。

（1）水耗

电解水制氢中水的消耗来自氢气生产和上游能量载体的生产。

就氢生产而言，电解水的最小消耗成本比大约是 9kg H_2O/kg H_2。考虑到水的脱矿过程，这一比例在 18~24kg H_2O/kg H_2 之间，甚至高达 25.7~30.2kg H_2O/kg H_2。一般地，光伏发电的用水量在 50~400 L/(MW·h)（2.4~19kg H_2O/kg H_2）之间变化，平均约为 32kg H_2O/kg H_2；风力发电的用水量在 5~45 L/(MW·h)（0.2~2.1kg H_2O/kg H_2）之间，平均约为 22kg H_2O/kg H_2。

（2）能耗与效率

对于电解水制氢效率：考虑水的纯化脱盐等过程，目前的所有电解水制氢工艺能耗为 50~55kW·h/kg H_2，即 180000~198000kJ/kg H_2。若氢气热值为 143000kJ/kg，则其能量转化效率计算为 143000/(180000~198000) =72%~79%。

对于氢能发电或者热电联供效率：当前氢燃料电池发电效率在 40%~60%，其余部分主要表现为热能。如考虑热电联供效率整体可以到 90% 左右。

对于电-氢-电的总效率：对于非热电联供，总效率为一般 32%~48%；对于热电联供，总效率一般为 65%~72%。由此可见，电解水制氢的总效率，相比之下热电联供的总效率更高，甚至几乎能达到非热电联供的近 2 倍。因此电解水制氢项目未来利用方式应充分考虑冬季采暖和工业热能领域使用，这样会使其对能源的利用效率大幅提升，有利于降低能耗。

5.3 氢能储运

5.3.1 氢的储存

氢的储存技术分为高压气态储氢、低温液态储氢和储氢材料储氢。

相应地，储运氢气的方式主要分为气态储运、液态储运和固态储运（储氢材料）。我国目前氢气运输的主要方式以高压气态长管拖车为主，但是未来有望同时发展气、液、固三种储运方式。

5.3.1.1 气态储氢

气态储氢目前以长管拖车为主，未来将发展管道运输。

高压气态储氢是目前最常用并且发展比较成熟的储氢技术，其储存方式是采用高压将氢气压缩到一个耐高压的容器里。目前所使用的容器是钢瓶，它的优点是结构简单、压缩氢气制备能耗低、充装和排放速度快。但是存在泄漏爆炸隐患，安全性能较差。当前以长管拖车的运输方式为主，未来更大规模发展需依靠管道运输。

高压气态长管拖车的运输方式，运输量较小，运输途中交通风险较大，仅适用于少量氢气、短距离的运输需要，目前与我国氢能应用得少相匹配。这种运输方式的好处是前期投资要求低，技术成熟。未来随着氢能在所有能源中的占比提升，势必要发展其他储运方式。

更大规模的运输方式是管道运输。因为氢气容易在接触普通钢材时发生"氢脆"的现象，所以管道必须使用蒙奈尔合金等特殊材料，导致管道运输的前期投资成本大，高达 500 万元/km。但是运输氢气量也巨大，适合有固定站点大量使用氢气的情况。截至 2017 年底，我国氢气管道总里程约 400km，主要分布在环渤海湾、长江三角洲等地。我国目前正不断建设氢气管道工程。

氢能应用若想大规模商业化，势必要解决运输管道规划施工问题。我国目前的氢气多为工业副产氢，来源于煤炭行业，产地多在北方内陆地区。应用则多在东部沿海较发达地区。因此，建设长距离氢气运输管道势在必行。虽然运输管道建设成本高，但是未来管道输送氢气压力等级升级和氢气管道规模扩大能降低氢能管道输送成本。

5.3.1.2　液态储氢

液态储运的储氢密度高，能运送大量氢气，适用于长距离运输氢气。但液态氢的密度是气态氢的 845 倍。液态氢的体积能量密度比压缩状态下的氢气高出数倍，如果氢气能以液态形式存在，那它替换传统能源将水到渠成，储运简单，安全体积占比小。但事实上，要把气态的氢变成液态的并不容易，液化 1kg 的氢气需要耗电 4~10kW·h，液态氢的存储也需要耐超低温和保持超低温的特殊容器，储存容器需要抗冻、抗压以及必须严格绝热。

我国油气公司在液化天然气（LNG）和液化石油气（LPG）领域有丰富的经验和运输车辆储备，若成本下降得以实现，未来有望在液态氢气运输上具备竞争力。目前海外超过 1/3 的加氢站使用液态储运方式。

5.3.1.3　固态储氢

未来若氢能市场扩张迅速，且固态运输达到应用要求，那么固态运输能发挥储氢密度高、运输氢气量大的优势。固态储氢目前总体情况是发展前景广阔，但技术尚未成熟。

储氢材料种类非常多，主要可分为物理吸附储氢和化学氢化物储氢。其中物理吸附储氢材料又可分为金属有机框架（MOFs）和纳米结构碳材料，化学氢化物储氢材料又可分为金属氢化物（包括简单金属氢化物和复杂金属氢化物）、非金属氢化物（包括硼氢化物和有机氢化物）。

常用的固态储氢材料的性能比较如表 5.5 所列。

表 5.5 常用的固态储氢材料的性能比较

储氢介质类型	材料	原理	性能	优点	缺点	应用情况
金属氢化物储氢	稀土镧镍、钛铁合金、镁系合金、钒系合金等	用储氢合金与氢气反应生成可逆金属氢化物来储存氢气。金属氢化物中的氢以原子状态储存于合金中，经扩散、相变、化合等过程重新释放出氢来	钛系储氢量（质量分数）可达 1.8% ~ 3.4%	安全且具有很高的储存容量，吸放氢速度快，放氢温度低	不易活化，易中毒且滞后现象严重	在光电功能玻璃、新型电极、气敏元件等方面具有潜在应用前景
碳基材料储氢	超级活性炭、碳纳米管	储氢依赖于吸附作用的结果，服从超临界气体吸附的一般规律的结论	碳纳米管储氢量（质量分数）5% ~ 10%，最高可达 67%	经济性好，储氢量高，解吸快，循环使用寿命长且容易实现规模化生产	缺点为储氢机理的研究还存在较大差异	极具潜力，易于实现规模化生产
有机化合物储氢	苯、甲苯、甲基环己烷、萘等	借助液体有机物与氢的可逆反应即利用催化加氢和脱氢的可逆反应来实现加氢储存（化学键合）、脱氢释放	苯和甲苯的储氢量（质量分数）分别为 7.14% 和 6.19%	氢载体的储存、运输安全方便，氢储量大，储氢剂成本低且可循环使用等	还需改善催化剂性能以提高材料的低温放氢性能以及需要回收-再生循环系统	未投入规模化使用

5.3.2　氢能运输

常用的氢能运输方式分为高压气态拖车运输、液化运输和管道气体运输等方式。氢能运输方式适用性与特征如表 5.6 所列。

表 5.6　氢能运输方式适用性与特征

运输方式	平均运量	适用环境	主要特点	成熟度
20MPa 高压气氢拖车运输	78.8～100.8t/辆	规模较小、短距离运输	单车装载量约 350kg,装卸时间各需 4～8h	成熟
液氢槽车运输	1047.6t/辆	规模较大、长距离运输	单车卸载 3000kg,卸载时间 1～2h,液化成本高	较成熟
管道气氢运输	92000t	大规模用氢、应用多领域	可解决规模化用氢和空间分布不均的问题,初投资巨大	一般

特别地,液氢储运是未来大规模长距离储运氢的方向之一。由于低温液态氢高密度的特性(液氢密度分别是 20MPa、30MPa、70MPa 下气氢密度的 4.9 倍、3.4 倍、18 倍),液氢槽车运输方式相较于 20MPa 高压气氢拖车,可使单车储运量提高约 9 倍,充卸载时间缩短为高压气氢拖车的 1/2,并且在液化过程还能提高氢气纯度,一定程度上可节省提纯成本。采用液氢槽车储运在长距离大规模运输上有很强的竞争力。

在现有技术条件下,采用液氮预冷循环,液氢生产能耗约为 17～20kW·h/kg,则电价 0.5 元/(kW·h) 时,液化过程的总成本约为 18.5～20 元/kg。此外,当有外部冷源(如有 LNG 辅助)时,其生产单耗会下降 30% 以上,因此有条件的 LNG 终端配备液氢生产装置的经济可行性提高。从液化到运输全过程成本分析,由于液氢槽车储运量较大,可减少槽车及人员的配置,尽管长距离运输也会带来成本的提高,但提高的幅度并不大。因此,液氢在长距离、大规模的运输中,相较于 20MPa 高压气氢拖车储运有着显著的成本优势。

尽管当前氢能液化过程的能耗和固定投资较大,液化过程的成本占到整个液氢储运环节的 90% 以上,但是未来由于液化设备的规模效应和技术升级,液化能耗和设备成本还有较大的下降空间。

5.4　燃料电池

燃料电池是一种把燃料所具有的化学能直接转换成电能的化学装置,是继水力发电、热能发电和原子能发电之后的第四种发电技术。

燃料电池具有以下显著优势。

(1) 效率高

燃料电池直接把化学能转化成电能,不受卡诺循环的限制,理论效率可达 85%～90%,目前实际转化效率为 40%～60%。

（2）污染小

一般使用氢气作为燃料，不产生温室气体和含硫、氮的污染物。

（3）噪声低

燃料电池本身结构简单，不含机械传动部件，工作时噪声低。

（4）充能快

燃料电池作为汽车动力能源使用时，汽车加氢过程与燃油车加油过程类似，仅需5～10min，明显快于电动车。

5.4.1 燃料电池过程原理

燃料电池由阳极、阴极、电解质和外部电路组成，其中燃料在阳极氧化，氧化剂在阴极还原。如果在阳极连续供给燃料（氢气、天然气、甲醇等），而在阴极连续供给氧气或空气，就可以在电极上连续发生电化学反应并产生电流。

典型的氢-氧燃料电池的电化学反应原理如图 5.7 所示。在稀硫酸溶液中放入两个铂箔作电极，一边供给 O_2，一边供给 H_2，生成水的同时产生了电。以 H_2 和 O_2 反应得到电的燃料电池为氢-氧燃料电池，H_2 进入的电极称为燃料极，O_2 进入的电极称为空气极。

在燃料极（阴极）：

$$H_2 \longrightarrow 2H^+ + 2e^- \tag{5.9}$$

在空气极（阳极）：

$$1/2O_2 + 2H^+ + 2e^- \longrightarrow H_2O \tag{5.10}$$

总反应：

$$H_2 + 1/2O_2 \longrightarrow H_2O \tag{5.11}$$

电流 I（A）和所需的 H_2 的流量 Q（mol/s）计算：$I = nFQ$。其中，n 为反应中的电子数（在燃料极的反应中 H_2 失去 2 个电子，$n=2$），F 为法拉第常数，其值为 96500C/mol。

5.4.2 燃料电池理论效率

对于燃料电池，化学能完全转化为电能时的效率称为理论效率。它直接将燃料的化学能转换为电能，中间不经过燃烧过程，因而不受卡诺循环的限制。燃料电池的理论效率可达 85%～100%。实际过程中，考虑到各种损失，燃料电池的效率在 45%～60%，而火电和核电的效率为 30%～40%。

燃料电池的理论效率可以表示为：

$$\eta = \frac{-\Delta G}{-\Delta H} \times 100\% \tag{5.12}$$

式中　η——燃料电池的理论效率，%；

ΔG——生成物与反应物之间的生成吉布斯自由能之差，kJ/mol；

ΔH——生成物与反应物之间的生成焓之差，kJ/mol。

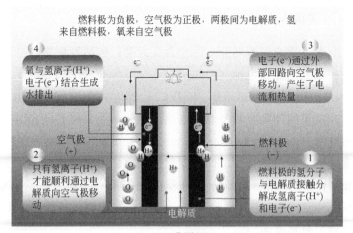

燃料极为负极，空气极为正极，两极间为电解质，氢
来自燃料极，氧来自空气极

④ 氧与氢离子(H⁺)、电子(e⁻) 结合生成水排出

③ 电子(e⁻)通过外部回路向空气极移动，产生了电流和热量

② 只有氢离子(H⁺)才能顺利通过电解质向空气极移动

① 燃料极的氢分子与电解质接触分解成氢离子(H⁺)和电子(e⁻)

空气极 (+)

燃料极 (−)

电解质

(a) 工作原理

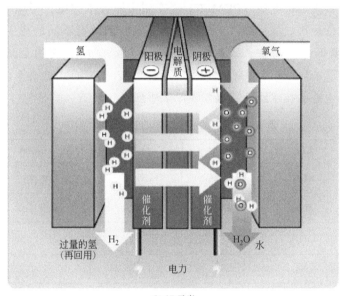

氢   阳极 电解质 阴极   氧气

催化剂   催化剂

过量的氢 (再回用) H_2 H_2O 水

电力

(b) 3D示意

图 5.7   典型的氢-氧燃料电池的电化学反应原理

实际运行过程都是不可逆状态，燃料的转换效率为：

$$\eta = \frac{nFE}{\Delta H} \times 100\% \tag{5.13}$$

$$E = \varepsilon - iR_{ohm} - \eta_{tot} \tag{5.14}$$

式中 n——参加电池反应的电子数；

F——法拉第常数，其值为 96500 C/mol；

E——电池的实际输出电压，V；

ε——电池电动势，V；

iR_{ohm}——欧姆阻力引起的电位降，V；

η_{tot}——理论电动势与因极化现象所需实际电压之差，称为过电位，V。

5.4.3　燃料电池类型及技术性能

燃料电池按照电解质的类型划分，可分为五大类，包括碱性燃料电池（alkaline fuel cell，AFC）、磷酸盐型燃料电池（phosphoric acid fuel cell，PAFC）、熔融碳酸盐型燃料电池（molten carbonate fuel cell，MCFC）、固体氧化物型燃料电池（solid oxide fuel cell，SOFC）以及固体聚合物型燃料电池［solid polymer fuel cell，SPFC，又称为质子交换膜燃料电池（proton exchange membrane fuel cell，PEMFC）］等。

按工作温度它们又分为高、中、低温型燃料电池。工作温度从室温到 373K 的为常温燃料电池，如固体聚合物燃料电池；工作温度在 373～573K 之间的为中温燃料电池，如磷酸盐型燃料电池；工作温度在 573K 以上的为高温燃料电池，如熔融碳酸盐型燃料电池和固体氧化物型燃料电池。

其中质子交换膜燃料电池（PEMFC）是车用主流技术方案。不同电解质类型决定了其电池使用的催化剂、氧化剂、工作温度的不同，因此有不同的应用领域。PEMFC 由于其工作温度低、启动快、氧化物易得的优势，多用于交通运输领域；PAFC、MCFC、SOFC 等由于工作温度高，多用于固定领域，如分布式电站等。

常见的燃料电池的技术经济特点如表 5.7 所列。

表 5.7　常见的燃料电池的技术经济特点

类型	AFC	PAFC	MCFC	SPFC/ PEMFC	SOFC
电解质	KOH	H_3PO_4	$(Li/K)_2CO_3$	聚合物膜	$Y_2O_3ZrO_2$
电解质状态	液态	液态	液态	固态	固态
导电离子	OH^-	H^+	CO_3^{2-}	H^+	O^{2-}
工作温度/℃	90	200	650	90～200	800～1000
系统压力	常压	加压	加压	加压	加压
燃料	纯 H_2	H_2	H_2、CO、CH_4	纯 H_2	H_2、CO、CH_4
燃料来源	高纯 H_2	天然气、甲醇、石脑油	石油、天然气、甲醇、煤	纯氢、天然气、甲醇、改良汽油	石油、天然气、甲醇、煤
氧化剂	纯 O_2	空气	空气	空气	空气
催化剂	镍银合金	铂	无	铂、碳纳米管等	无
发电效率/%	45～60	35～45	50～60	45～60	50～60
启动时间	几分钟	几十分钟	几小时	几分钟	10 小时以上
发电功率/kW	约 10	50～200	200～几十万	几百	几十万
用途	宇宙、海洋开发	热电联供	代替火电、余热利用	电脑、手机、汽车	代替火电、余热利用
开发状况	实用化	产品化	试验验证	实用化开发	试验验证

5.5 氢燃料电池汽车

据预计，2050 年，氢能源将承担全球 18％的能源需求，有望创造超过 2.5 万亿美元的市场，燃料电池汽车将占据全球车辆的 20％～25％。虽然当前整体基数较小，但近年来氢能源汽车都保持了较高的销量和保有量增速，2016 年和 2019 年年复合增长率分别为 63％和 114％。截至 2020 年底，我国氢能源汽车保有量为 7352 辆。

相比于传统汽车，氢能源汽车使用氢燃料电池作为动力来源，具有能量转换效率高和完全无污染的优点。相比于锂电池电动车，氢能源汽车除不受温度影响、续航里程更长以外，还具有能迅速补充燃料（3～5min）的优点。然而，不同于锂电池电动车可以利用现有电网建造充电站，氢能源汽车使用的加氢站目前完全依赖长管拖车运输，效率较低且成本较高。加氢站成本高昂、数量稀少加上汽车自身成本较高等一系列原因制约了氢能源汽车的发展，目前氢能源汽车尚未得到大范围应用，但具有巨大发展潜力。

5.5.1 结构与原理

目前大多数燃料电池电动汽车采用的是混合式燃料电池驱动系统，将燃料电池与辅助动力源相结合。燃料电池可以只满足持续功率需求，辅助动力源提供加速、爬坡等所需的峰值功率，而且在制动时可以将回馈的能量储存在辅助动力源中。混合式燃料电池电动汽车的驱动系统有串联式和并联式两种，常用的并联式如图 5.8 所示。

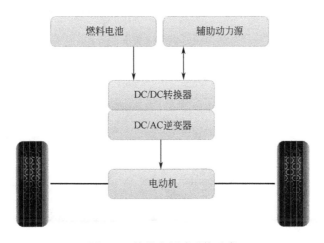

图 5.8 并联式驱动系统示意

燃料电池电动汽车的动力系统由燃料电池系统、辅助动力源、直流/直流（DC/DC）转换器、直流/交流（DC/AC）逆变器和驱动电动机组成，此外还包含动力控制系统等。

氢为燃料电池的电动汽车发动机系统及总布置如图 5.9 所示。它通常包括以下部分。

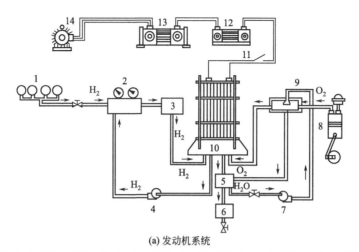

(a) 发动机系统

1—氢储存罐；2—氢气压力调节仪表；3—热交换器；4—氢气循环泵；5—冷凝器及气水分离器；6—水箱；
7—水泵；8—空气压缩机(或氧气罐)；9—加湿器及去离子过滤装置；10—燃料电池组；11—电源开关；
12—DC/DC转换器；13—DC/AC逆变器；14—驱动电动机

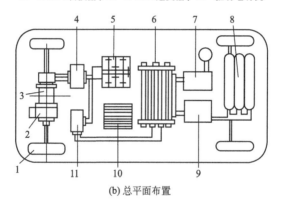

(b) 总平面布置

1—驱动轮；2—驱动系统；3—驱动电动机；4—DC/AC逆变器；5—辅助电源装置(动力电池组+飞轮储能器或
动力电池组+超级电容)；6—燃料电池发动机；7—空气压缩机及空气供应系统辅助装置；8—氢气储存罐；
9—氢气供应系统辅助装置；10—中央控制器；11—动力DC/DC转换器

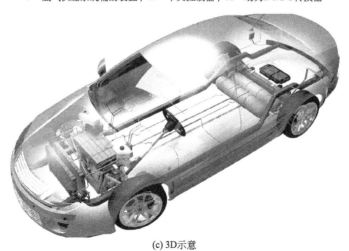

(c) 3D示意

图 5.9　氢燃料电池的电动汽车发动机系统及总布置示意

（1）燃料电池系统

① 氢气供应、管理和回收系统。气态氢通常用高压储气瓶来装载，对高压储气瓶的品质要求很高，为确保行驶里程，一般轿车需要 2～4 个高压储气瓶，大客车需要 5～10 个高压储气瓶。同时辅以减压阀、调压阀、安全阀、压力表、流量表、热量交换器和传感器等来进行控制。

② 氧气供应和管理系统。

③ 水循环系统。

④ 电力管理系统。燃料电池产生的是直流电，需要经过 DC/DC 转换器进行调压。在采用交流电动机的驱动系统中，还需要用 DC/AC 逆变器将直流电转变为三相交流电。

以氢气为燃料的燃料电池系统的各种外围装置的体积和质量，占燃料电池系统总体积和质量的 1/3～1/2。

（2）辅助动力源

辅助动力源通常由动力电池组、飞轮储能器或超级电容器等共同组成双电源系统。还可采用 42V 蓄电池来储存制动时反馈的电能，并为车载电子电器系统提供电能，因此，可以取消用于辅助驱动的动力电池组，减轻辅助电池组和整车的质量。

由于燃料电池的比功率和比能量在不断改进和提高，现代燃料电池电动汽车逐步向大功率燃料电池方向发展，最终不需辅助动力源。

（3）DC/DC 转换器

DC/DC 转换器主要是用来调节燃料电池的输出电压、调节整车能量分配和稳定整车直流母线电压。

（4）驱动电动机

燃料电池电动汽车用的驱动电动机主要有直流电动机、交流电动机、水磁电动机和开关磁阻电动机等。燃料电池电动汽车用驱动电动机的选型必须结合整车开发目标，综合考虑电动机的特点。

（5）动力电控系统

燃料电池电动汽车的动力电控系统，主要由燃料电池管理系统、蓄电池管理系统、动力控制系统及整车控制系统等组成。

5.5.2　主要参数设计

燃料电池电动汽车主要设计参数包括驱动电机选型与参数、传动系统的传动比、燃料电池功率、辅助动力源用蓄电池参数等。

燃料电池电动汽车主要参数设计和确定方法如表 5.8 所列。

当前，全球氢能产业持续发展，燃料电池出货量涨幅达 40%，采用燃料电池的乘用车销量也达到了前所未有的高度。尽管目前燃料电池汽车还面临电池技术不完备等主要问题，但是氢燃料电池汽车的零污染、能效高、无噪声、响应好等明显优势，使它成为未来汽车最重要的发展方向之一。

表 5.8　燃料电池电动汽车主要参数设计和确定方法

项目	参数	设计计算方法	备注
驱动电动机	选型	直流电动机、异步电动机、永磁电动机、开关磁阻电动机	
	扩大恒功率区系数	$\beta = \dfrac{n_{\max}}{n_e}$	β——扩大恒功率区系数; $n_{\max}$——电动机的最高转速，r/min; n_e——电动机的定额转速，r/min
	最高转速	$n_{\max} = \dfrac{30 u_{\max} i}{3.6 \pi r}$	$n_{\max}$——最高转速，rad/s; $u_{\max}$——汽车最高车速，m/s; i——传动系统的传动比; r——车轮半径，m
	最大转矩	$T_{\max} = \dfrac{r}{\eta i}(mgf\cos\alpha_{\max} + mg\sin\alpha_{\max})$	$T_{\max}$——最大转矩，N·m; m——整车质量，kg; f——液动阻力系数; i——传动比; η——机械传动系统效率; g——重力加速度，其值为 9.8m/s²; $\alpha_{\max}$——最大爬坡角，rad
	加速时间	$t = \displaystyle\int_0^{u_a} \dfrac{\delta m}{F_t - F_f - F_w}\, du$	t——加速时间，s; δ——旋转质量换算系数; u——汽车速度，m/s; F_t——汽车行驶驱动力，N; F_f——滚动阻力，N; F_w——空气阻力，N

续表

项目	参数	设计计算方法	备注
驱动电动机	峰值功率与最大转矩关系	$F_t = \begin{cases} 9550iP_{\max}\eta/(n_e r) = T_{a_{\max}}\eta i/r \\ 9550iP_{\max}\eta/(nr) \end{cases}$	$P_{\max}$——峰值功率，W； $T_{a_{\max}}$——根据峰值功率折算的恒转矩区电动机最大转矩，N·m
	额定功率	$P_e = (F_f + F_w)\dfrac{u}{3600\eta}$	P_e——额定功率，W； F_f——滚动阻力，N； F_w——空气阻力，N； u——可按汽车最高设计车速的 90% 或我国高速公路最高限速计，km/h，一般地 $u=120$km/h； η——效率
	额定转矩	$T_e = 9550 P_e/n_e$	T_e——额定转矩，N·m； P_e——额定功率，W； n_e——额定转速，rad/s
	工作电压/V	280~400	
传动系统	最大传动比	$i_{\max} \geq F_{a_{\max}} r/(\eta T_{\max})$	$i_{\max}$——传动系统的最大传动比； $F_{a_{\max}}$——最大爬坡度对应的行驶阻力，N
	最小传动比	由汽车最高车速和电动机的最高转速确定传动系统最小传动比上限：$i_{\min} \leq \dfrac{0.377 n_{\max} r}{u_{\max}}$；由电动机最高转速对应的最大输出转矩和汽车最高车速对应的行驶阻力确定传动系统最小传动比下限：$i_{\min} \geq F_{u_{\max}} r/(\eta T_{u_{\max}})$	$F_{u_{\max}}$——汽车最高车速对应的行驶阻力，N； $T_{u_{\max}}$——电动机最高转速对应的最大输出转矩，N·m； $i_{\min}$——传动系统的最小传动比

续表

项目	参数	设计计算方法	备注
燃料电池	阻力功率	$$P_{av} = \frac{1}{T}\sum_{i=1}^{n} P_i t_i$$	P_{av}——平均行驶阻力功率，W； t_i——第 i 个功率区间行驶时间，h； P_i——第 i 个区间的行驶阻力功率，W； T——总的行驶时间，h
	输出功率	$$P_{fc\_out} = P_{fe} + P_{fc\_par}$$	P_{fc_out}——输出总功率，W； P_{fc_fe}——燃料电池的输出功率，W； P_{fc_par}——辅助系统的功率需求，W
	类型	铅酸电池：比能量 30~45，比功率 200~300 镍镉电池：比能量 40~60，比功率 150~350 金属氧化物镍电池：比能量 60~70，比功率 150~300 锂离子电池：比能量 90~130，比功率 250~450	
辅助动力源	蓄电池额定功率	$$P_{bat\_rat} = P_{max}/\eta_m + P_{aux} - P_{fc\_out} + P_{fc\_par}$$	P_{bat_rat}——蓄电池额定功率，W； P_{aux}——汽车辅助电器系统的功率需求，W
	蓄电池质量	$$m_{bat} = \frac{P_{bat\_rat}}{\rho_{bat\_pow}}$$	m_{bat}——蓄电池质量，kg； P_{bat_rat}——蓄电池额定功率，W； ρ_{bat_pow}——蓄电池额定的比功率，W
	蓄电池额定容量	$$Q_{bat} = \frac{m_{bat}\rho_{bat\_en}}{U_{bat\_rat}\eta_{bat\_dis}}$$	Q_{bat}——蓄电池额定容纳量，kJ； ρ_{bat_en}——蓄电池的比能量，kJ； U_{bat_rat}——蓄电池的额定电压，V； η_{bat_dis}——蓄电池的放电效率

近年来，我国相关部门多次发文鼓励氢燃料电池汽车示范应用。2021 年 10 月，国务院印发《2030 年前碳达峰行动方案》，提出"推广电力、氢燃料、液化天然气动力重型货运车辆""有序推进充电桩、配套电网、加注（气）站、加氢站等基础设施建设"。交通运输部印发的《综合运输服务"十四五"发展规划》提出，加快充换电、加氢等基础设施的规划布局和建设。

可以预见，在政策和各大车企、研究部门的强力支持下，我国的氢燃料电池汽车产业必将迎来爆发式发展。

思 考 题

1. 氢能的主要特点有哪些？

2. 简述和比较常用的制氢技术的过程原理与工艺流程。

3. 常用的储氢方式有哪些？试简述其基本原理。

4. 简述氢燃料电池的工作原理、主要结构和电化学过程（化学方程式）。

5. 简述燃料电池的分类并进行其技术经济性比较。

6. 燃料电池电动汽车的主要组成和作用是什么？

7. 在燃料电池电动汽车设计中，如何确定燃料电池、驱动电动机和蓄电池参数？

参 考 文 献

[1] 张永伟，张真，苗乃乾，等.中国氢能产业发展报告 2020 [R].北京：中国电动汽车百人会，2020.

[2] 徐硕，余碧莹.中国氢能技术发展现状与未来展望 [J].北京理工大学学报：社会科学版，2021，23（6）：1-12.

[3] 衣宝廉，俞红梅，侯中军，等.氢燃料电池 [M].北京：化学工业出版社，2021.

[4] 史践，夏基胜，丁元章，等.氢能与燃料电池电动汽车 [M].北京：机械工业出版社，2020.

[5] 黄国勇.氢能与燃料电池 [M].北京：中国石化出版社，2020.

[6] 毛宗强，毛志明，余皓，等.制氢工艺与技术 [M].北京：化学工业出版社，2018.

[7] Grasman S E.氢能源和车辆系统 [M].王青春，王典，译.北京：机械工业出版社，2014.

[8] 钱伯章.氢能和核能技术与应用 [M].北京：科学出版社，2010.

[9] 陈丹之.氢能 [M].西安：西安交通大学出版社，1990.

[10] 毛宗强.氢能——21 世纪的绿色能源 [M].北京：化学工业出版社，2005.

[11] 崔胜民.新能源汽车技术 [M].北京：北京大学出版社，2020.

[12] 麻友良.新能源汽车动力电池技术 [M].北京：北京大学出版社，2020.

第6章

地热能、海洋能及天然气水合物

当前，除了风能、太阳能和生物质能等新能源外，其他形式的新能源如地热能、海洋能及天然气水合物等也日益受到重视。我国已经明确将地热能作为可再生能源发电、供暖的重要方式。伴随多年的不断实践，海洋发电技术实现新的突破，小型潮汐发电站技术趋于成熟化及规范化，同时具备中型潮汐发电站技术要求。此外，在非常规天然气中，天然气水合物占比最大，且我国南海就赋存丰富的水合物资源，因此开采天然气水合物对缓解我国能源短缺和环境问题具有重要的意义。本章将就以上方面的内容加以介绍。

6.1 地热能

6.1.1 我国地热能分布、利用与分类

地热能是由地球内部释放出的热能。地球内部温度（中心温度有 6000℃）和压力都很高，其蕴藏的热能通过大地的热传导、火山喷发、地震、深层水循环、温泉等途径不断地向地表散发，产生了地热能，如图 6.1 所示。

（1）我国地热资源分布特征

我国地热资源分为传导型地热资源和对流型地热资源两种类型。传导型地热资源主要分布于沉积盆地，主要分布在我国的东部地区，均为中低温地热资源，沉积盆地传导型地热资源主要有松辽盆地、华北平原、淮河盆地、苏北盆地、江汉盆地和汾渭盆地等。对流型热资源主要分布于隆起山地，主要分布在我国的东南沿海、台湾、藏南、川西、滇西和胶辽半岛等地区。其中，高温地热资源主要分布于我国的藏南、滇西、川西和台湾地区，其余地区主要分布着中低温地热资源。

当前，全国已发现地热异常 3200 多处，其中进行地热勘查的并已对地热资源进行评价的地热田有 50 多处。全国已打成地热井 2000 多眼。发现高温地热系统 255 处，经过评估总发电潜力 5800MW×30a，主要分布在西藏南部和云南、四川的西部。例如，

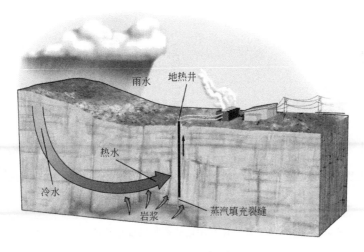

图 6.1　地热能示意

在西藏羊八井地热田钻成 ZK4002 井，井深 2006.8m，以及已探获 329.8℃的高温地热流体，热电站容量 25MW，年发电量 10^8kW・h。发现中低温地热系统 2900 多处，总计天然放热量约为 1.04×10^{14} kJ/a，相当于每年 3.6×10^8tce。主要分布在东南沿海诸省区和内陆盆地区，如松辽盆地、华北盆地、江汉盆地、渭河盆地以及众多山间盆地区。这些地区 1000～3000m 深的地热井，可获 80～100℃的地热水。

（2）地热能利用现状

2020 年全球地热发电总装机容量为 15950MW，其中美国（装机容量为 3700MW，生产能源 18366GW・h/a）、印度尼西亚（装机容量为 2289MW，生产能源 15315GW・h/a）、菲律宾（装机容量为 1918MW，生产能源 9893GW・h/a）位列前三。我国装机容量为 34.89MW，发展进度较缓但大有可为。

2020 年全球直接利用地热能装机容量前五的国家分别为中国、美国、瑞典、德国、土耳其，装机容量分别为 40610MW、20713MW、6680MW、4806MW、3488MW；能源使用量前五的国家分别为中国、美国、瑞典、土耳其、日本，能源使用量分别为 443492TJ/a、152810TJ/a、62400TJ/a、54584TJ/a、30723TJ/a（图 6.2）。我国地热直接利用装机容量达 40.6GW，占全球 38%，连续多年位居世界首位。其中，地热供暖装机容量 7.0GW，地热热泵装机容量 26.5GW，分别比 2015 年增长 138% 和 125%。

统计表明，截至 2020 年底，我国地热能供暖（制冷）面积累计达到 1.39×10^9m²。其中，水热型地热能供暖 5.8×10^8m²，浅层地热能供暖（制冷）8.1×10^8m²，每年可替代标准煤 4.1×10^7t，减排二氧化碳 1.08×10^8t。

（3）地热能类型

地热能按地下存储形式分为以下几种。

① 水热型地热资源：包括热水型和蒸汽型地热资源。热水型地热资源是以热水或水汽混合的形式储存在地下，按地下热水的利用温度又可分为低温型（90℃以下）、中

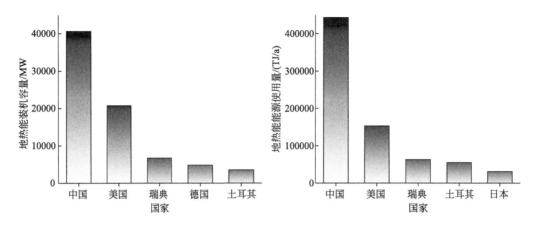

图 6.2　2020 年全球直接利用地热能装机容量和能源使用量排名

温型（90～150℃）和高温型（150℃以上）。热水型地热资源约占地热资源总量的10％，分布较广，开发利用方便。蒸汽型地热资源是储存在地下岩石孔隙中的高温高压蒸汽，可直接用来发电，开发利用方便，但蒸汽型资源仅占地热资源的0.5％。

②干热岩型地热资源：指储存在地下炽热的岩体中的热能，完全不含水和蒸汽，约占地热资源总量的30％。干热岩体的破碎和水在炽热岩体中的循环和热交换都是技术上需要解决的问题。此外还有岩浆型地热资源，是熔岩和岩浆中的热能，埋藏在距离地面10km以下，温度可达1500℃以上，有火山活动的地区，则埋藏较浅。岩浆型地热约占地热资源总量的40％，但目前还没有开发利用的可能。

③地压型地热资源：是封存在地下2～3km处的高压流体矿产如石油、天然气、盐卤水中储存的热能，约占地热资源总量的20％，有重要开发价值。

6.1.2　地热发电方式

除了地热的热利用外，地热发电是地热能利用的重要方式之一。

地热发电是利用地下热水和蒸汽为动力源的一种新型发电技术，其基本原理和火力发电类似，都是利用蒸汽的热能推动汽轮机发电组发电，但地热发电不需要消耗燃料，没有燃烧系统，因此基本没有环境污染，是清洁能源。

根据可利用温度不同的地热资源，地热发电可分为地热蒸汽发电、地下热水发电、全流地热发电和地下热岩发电4种方式。典型地热发电的技术及特征见表6.1。

6.1.3　地热发电系统热性能参数确定

地热发电系统的性能计算主要是地热发电过程的热力学性能参数的计算。

地热发电系统的性能参数主要包括膨胀机等熵效率、发电功率、净发电功率、单位地热流体净发电量、单位时间输入热量、系统热效率、系统㶲效率、地热水利用率、系统自用电率、冷却耗电率、装机容量利用系数以及汽耗率等。

地热发电系统热性能参数计算方法见表6.2。

表 6.1　典型地热发电的技术及特征

类型	分类	原理	工艺图示	性能参数	特点
地热蒸汽发电	背压式	地热蒸汽经除杂（岩屑）和除水后直接引入汽轮机发电机组发电		热效率 10%～15%	简单易用但开采难度较大
	凝汽式	做功后的蒸汽排入混合式凝气器		热效率 10%～15%	简单易用但开采难度较大
地下热水发电	闪蒸地热法	通过降低压力而使热水沸腾变为蒸汽，以推动汽轮发电机转动而发电	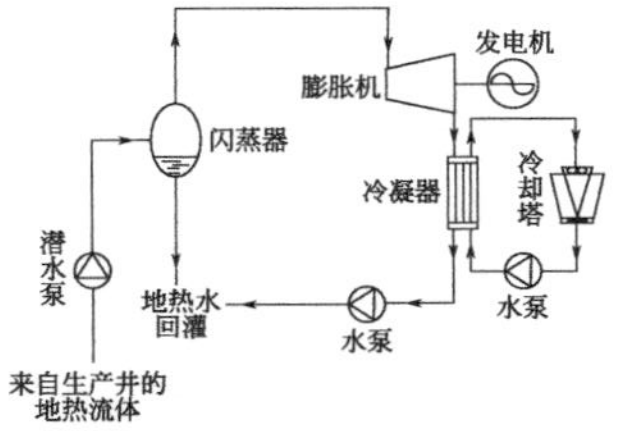 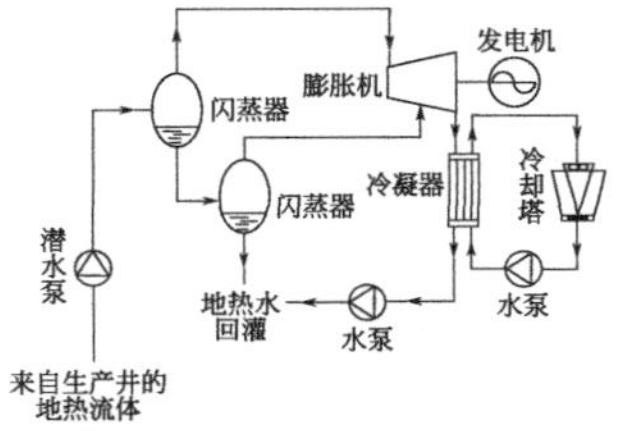	两级比单级闪蒸效率较高约 20%	系统简单、投资少，但热效率较低，厂用电率较高，适用于中温（90～60℃）地热田发电
	中间介质法	利用地下热水间接加热某些低沸点物质来推动汽轮机做功的发电方式	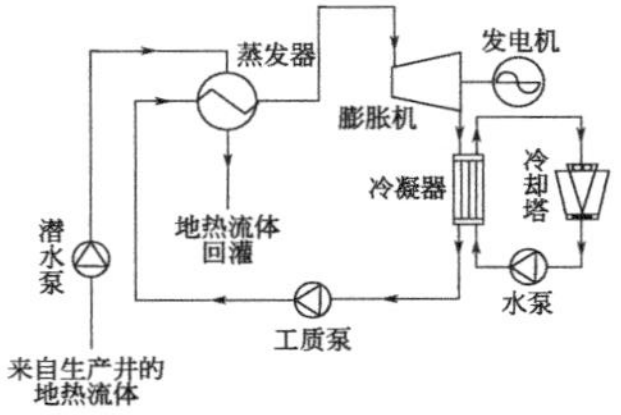	两级比单级闪蒸效率较高约 20%	降低发电的热水消耗率，设备紧凑，汽轮机尺寸小，适用成分比较复杂低的地下热水，但大多数低沸点工质传热性较差

续表

类型	分类	原理	工艺图示	性能参数	特点
全流地热发电		全部流体包括蒸汽、热水、不凝气体及化学物质等，不经处理直接送进全流动力机械中膨胀做功，而后排放或收集到凝汽器中		比单级和两级闪蒸法系统的单位净输出功率分别高约60%和30%	充分利用地热流体的全部能量
地下热岩发电		在200℃岩石层水力破碎回灌并通过热交换器和汽轮发电机将热能转化成电能			干热岩的储量比较大，可以较稳定地供给发电系统热量，且使用寿命较长，杂质少

表6.2 地热发电系统热性能参数计算方法

编号	参数	方法	计算模型	备注
1	膨胀机等熵效率	根据地热发电系统膨胀机中工质的实际焓降和理想焓降计算	$h_{s,exp} = (h_{exp,in} - h_{exp,out})/(h_{exp,in} - h_{exp,out,s})$	$h_{s,exp}$——膨胀机等熵效率; $h_{exp,in}$——膨胀机进口工质比焓, kJ/kg; $h_{exp,out}$——膨胀机出口工质的实际比焓, kJ/kg; $h_{exp,out,s}$——膨胀机出口工质的理想比焓, kJ/kg
2	系统发电功率	根据膨胀机进出口工质质量流量、实际焓差、机械效率和发电机效率计算	$W_{exp} = m_{exp}(h_{exp,in} - h_{exp,out})\eta_m \eta_{s,gen}$	W_{exp}——发电功率, kW; m_{exp}——膨胀机进口工质质量流量, kg/s; η_m——机械效率; $\eta_{s,gen}$——发电机效率

续表

编号	参数	方法	计算模型	备注
3	系统净发电功率	根据发电功率和辅机耗电功率计算	$W_{net} = W_{exp} - W_{aux}$	W_{net}——净发电功率，kW； W_{aux}——辅机耗电功率，kW
4	单位地热流体净发电量	根据系统净发电功率和进入系统的地热流体质量流量计算	$\omega_{geo} = W_{net}/(3.6m_{geo})$	ω_{geo}——单位地热流体净发电量，kW·h/t； m_{geo}——进入发电系统的地热流体质量流量，kg/s
5	单位时间输入热量	根据热力学公式计算	$Q_{geo} = m_{geo}h_{in}$	Q_{geo}——单位时间输入热量，kW； h_{in}——进入地热发电系统的地热流体的比焓，kJ/kg
6	系统热效率	根据地热发电系统发电功率和单位时间输入热量计算	$\eta_{th} = W_{exp}/Q_{geo}$	η_{th}——系统热效率
7	系统㶲效率	根据地热发电系统发电功率和单位时间驱动地热发电系统的地热流体携带的最大可用功的计算	$\eta_{ex} = \dfrac{W_{exp}}{E_{geo}} = \dfrac{W_{exp}}{m_{geo}\left[(h_{in}-h_0)-T_0(S_{in}-S_0)\right]}$	η_{ex}——系统㶲效率； E_{geo}——单位时间驱动地热发电系统的地热流体携带的最大可用功，kW； h_0——进入地热发电系统的地热流体在环境工况下的比焓，kJ/kg； S_{in}——进入地热发电系统的地热流体的比熵，kJ/(kg·K)； S_0——进入地热发电系统的地热流体在环境工况下的比熵，kJ/(kg·K)； T_0——环境温度，K

续表

编号	参数	方法	计算模型	备注
8	地热水利用率	根据地热发电系统有效利用地热水的热量和地热水可供热量计算	$\eta_{geo}=(h_{w,in}-h_{w,out})/(h_{w,in}-h_{w,amb})$	η_{geo}——地热利用率； $h_{w,in}$——进入地热发电系统的地热水的比焓，kJ/kg； $h_{w,out}$——流出地热发电系统的地热水的比焓，kJ/kg； $h_{w,amb}$——地热水在当地平均温度下的比焓，kJ/kg
9	系统自用电率	根据地热发电系统的辅机耗电功率与发电功率计算	$X_d=W_{aux}/W_{exp}$	X_d——系统自用电率
10	冷却耗电率	根据地热发电系统的冷却设备耗电功率与发电功率计算	$L_c=W_c/W_{exp}$	L_c——冷却耗电率； W_c——冷却设备耗电功率，kW
11	装机容量利用系数	根据统计期内地热发电系统的总发电量和装机容量发电量计算	$CF=E_{gen}/(P_{cap}t)$	CF——装机容量利用系数； E_{gen}——统计期内地热发电系统总发电量，kW·h； P_{cap}——地热发电系统装机容量，kW； t——地热发电系统统计期内的累计运行时间，h
12	汽耗率	根据地热干蒸汽发电系统或地热闪蒸发电系统膨胀机入口蒸汽流量和发电功率计算	$d=3600m_s/W_{exp}$	d——汽耗率，kg/(kW·h)； m_s——膨胀机入口蒸汽流量，kg/s

6.2　海洋能

6.2.1　海洋能概述

海洋能指依附在海水中的可再生能源，海洋通过各种物理过程接收、储存和散发的能量。海洋能是一种亟待开发的具有战略意义的新能源。

海洋能具有以下特点：

① 资源丰富、分布广泛。

② 可再生性。海洋能来源于太阳辐射能与天体间的万有引力，取之不尽、用之不竭。

③ 清洁性。海洋能属于清洁能源，其本身对环境污染影响很小。

④ 有较稳定与不稳定能源之分。较稳定的有温差能、盐差能和海流能。不稳定能源分为变化有规律与变化无规律两种。属于不稳定但变化有规律的有潮汐能与潮流能；既不稳定又无规律的是波浪能。

海洋能的主要形式包括：潮汐能、潮流能、波浪能、温差能、盐差能和海流能等。

6.2.2　潮汐能

潮汐能是由月球引力的变化引起潮汐现象，导致海水周期性地潮涨和潮落而形成的海水的势能。

世界上潮差的较大值为 13～15m，但一般说来，平均潮差在 3m 以上就有实际应用价值。潮汐能的利用方式主要是潮汐发电，是海洋能利用中发展最早、规模最大、技术较成熟的一种。

潮汐发电通常有三种形式。

（1）单库单向发电

即只用一个水库，仅在涨潮（或落潮）时发电，平潮时关闭。该种发电形式建筑简单，投资较少，但只能在每天两次潮涨潮落时单向发电，故发电时间较短，使得潮汐能不能充分利用，每日发电时长 9～11h，一般电站效率为 22％。我国浙江省温岭市沙山潮汐电站、广东省顺德甘竹滩潮汐电站（装机容量 5MW）就是这种类型。

（2）单库双向发电

即用一个水库，使用两套单相阀门控制系统或者双向水轮机组，落潮和涨潮时均可发电，只是在平潮时不能发电。每日发电时长可达 14～16h，电站效率可达 34％。世界上最大的潮汐电站法国朗斯潮汐电站（总装机容量 240MW）以及我国浙江温岭江厦潮汐电站（总装机容量 3.2MW）就属于这种类型。大中型潮汐电站较多采用灯泡贯流式水轮发电机组。灯泡贯流式机组具有流道顺直、水头损失小、单位流量大、效率较高、体积较小及厂房空间较小等优点。

图 6.3 是单库双向灯泡贯流式水轮发电机组潮汐电站示意。

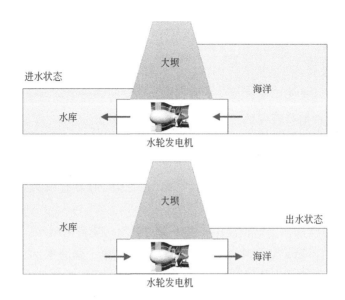

图 6.3　单库双向灯泡贯流式水轮发电机组潮汐电站示意

（3）双库双向电站

即用两个相邻的水库，一个水库在涨潮时进水，另一个水库在落潮时放水，这样前一个水库的水位总比后一个水库的水位高，故前者称为上水库，后者称为下水库。水轮发电机组放在两水库之间的隔坝内，两水库始终保持着水位差，故可以全天发电，但经济性较差。我国浙江乐清湾中部的海山潮汐电站（装机容量150kW）就属于这种类型。

当前世界上典型的潮汐电站如表 6.3 所列。

表 6.3　世界上典型的潮汐电站

电站名称	投运时间	技术参数	评价
法国朗斯潮汐电站	1966 年	总装机容量240MW(单机功率 10MW,共24 台水轮机),年发电量 5.44×10^8 kW·h	世界第一座商用潮汐电站
加拿大安纳波利斯潮汐电站	1984 年	额定功率 20MW,年发电量 5×10^7 kW·h	北美第一座潮汐电站
中国江厦潮汐电站	1980 年	总装机容量 3.2MW(现为 4.1MW),年发电量 6×10^6 kW·h	我国最大、全球第四大潮汐电站
韩国始华湖潮汐电站	2011 年	装机容量254MW(10 台发电机合并发电容量),年发电量可达 5.52×10^8 kW·h	当前世界最大的潮汐电站
苏格兰北部彭特兰湾 Mey-Gen 电站	在建	装机容量 398MW	目前世界上最大的潮汐发电项目
俄罗斯堪察加半岛品仁纳湾潮汐电站	拟建	装机容量达 87100MW,年发电量可达 200 TW·h	未来预计成为世界最大的潮汐电站

6.2.3　潮流能

潮汐的周期性波动引起水位的变化和水体的流动,在陆地间海峡和岛屿间的水道中形成较强的潮流。潮流往复运动,周期与潮汐相同,潮流携带的动能即潮流能。

潮流能的能量与流速的平方和流量成正比。相比于波浪能,潮流能的变化要平稳且有规律得多。潮流能随潮汐的涨落每天 2 次改变大小和方向。

一般来说,最大流速在 2m/s 以上的水道,其海流能均有实际开发的价值。中国的海流能属于世界上功率密度最大的地区之一,特别是浙江的舟山群岛的金塘、龟山和西堠门水道,平均功率密度在 $20kW/m^2$ 以上,开发环境和条件很好。

潮流能的利用方式主要是发电,其原理和风力发电相似,由潮汐涨落之水位差、盐差以及柯氏力等作用引起海水流动,转动叶片从而带动发电机发电。

6.2.3.1　潮流能发电系统的主要组成

潮流能发电系统主要由海洋结构系统、发电系统和检测系统构成。

潮流能发电的系统设计主要包括选址、支撑载体(一般包括柱桩式、漂浮式和坐底式)、水轮机结构、传动系统、控制系统和输变电系统等方面;其中,水轮机是潮流发电系统中实现能量转换的核心设备。

6.2.3.2　水轮机总体参数

水轮机由水轮(转子)、轴系和支撑结构组成。水轮机设计的关键技术指标是:适应站点潮流流场特性,能量转换效率高,结构可靠,性能造价比高。

进行水轮水动力设计之前,首先应确定水轮总体参数,主要包含以下几个方面。

(1) 设计流速 U_r

设计流速也称为额定流速。设计流速是一个非常重要的参数,它取决于拟建潮流发电站场址的潮流能资源情况。

欧洲学者给出了一个初步确定设计流速的方法,取 120% 流速对应点作为潮流水轮机的额定流速 U_r。最终确定设计流速是一个优化的过程,也可以类比风力发电风轮设计中按全年获得最大能量为原则来确定设计流速的方法来确定。

(2) 设计功率 P

设计功率是指设计(额定)流速下水轮输出的轴功率:

$$P = \frac{1}{2} C_p \rho U_r^3 S \tag{6.1}$$

式中　P——设计功率,W;

C_p——能量利用系数;

ρ——水流密度,kg/m^3;

U_r——额定流速,m/s;

S——水轮过流面积,m^2。

其中,水轮过流面积 S 是水轮直径 D 的函数:

$$S = kD^2 \tag{6.2}$$

式中　D——水轮直径，m；

k——系数。

其中 k 取决于叶轮类型。水平轴桨式叶轮 $k=\pi/4$；立轴叶轮 k 值与叶轮的轮廓线型有关，对于叶片长度为 h 的 H 型叶轮，$k=h/D$，即水轮高径比（立轴叶轮的高度和最大直径的比值称为高径比）。

则水轮轴功率为：

$$P = \frac{1}{2} C_p \rho U_r k D^2 \tag{6.3}$$

单机设计功率可以根据潮流发电场的资源、面积、水深情况和建设规模（年发电量）等综合因素来确定。

（3）水轮直径 D

给定了初步设计流速 U_r 和设计功率 P，再假定能量利用率系数 C_p 值，取 $C_p=0.25\sim0.45$，可以计算出叶轮的过流面积 $S=kD^2$。对于水平轴叶轮，由 $k=\pi/4$ 可确定直径 D；对于立轴直叶片（H 型）叶轮，选定高径比 $k=h/D$ 再确定直径 D 和 h。叶轮高径比 h/D 通常取 $0.8\sim1.5$，但高度 h 要考虑站点最大水深和最小水深。

（4）密实度 σ

水轮机的密实度指的是叶片总面积与叶片扫掠圆周面积的比值。对于水平轴桨式叶轮，密实度定义为：

$$\sigma = \frac{ZCb}{\pi D^2/4} \tag{6.4}$$

式中　Z——叶片数目；

C——叶片平均弦长，m；

b——叶片长度，m。

对于立轴 H 型叶轮，密实度定义为：

$$\sigma' = ZC/(\pi D) \tag{6.5}$$

水轮机密实度比风机密实度稍大，可以取 $\sigma=0.15\sim0.5$。

（5）叶片数目 Z

叶片的数目与水轮机的密实度相关联。水平轴桨式叶轮与风力发电机类似，常用 2 叶、3 叶两种；立轴 H 型水轮的叶片数目有多种选择，叶片数目和弦长可根据直径和密实度公式计算确定。

（6）叶尖速比 λ

叶尖速比是转子叶片的圆周切向速度与来流速度的比值，定义为：

$$\lambda = N\pi D/U \tag{6.6}$$

式中　N——叶轮转速，r/min；

U——叶片切向速度，m/s。

其中 λ 的值受密实度 σ 或叶片数 Z 的影响，密实度大的叶轮转速相对慢，λ 的范围小。

（7）翼型

当轮机基本尺寸参数确定以后，可以通过流体动力性能和结构要求，选取合适翼型。立轴水轮通常采用等截面 NACA00 XX 系列对称翼型。

6.2.3.3　我国大型海洋潮流能发电机组

2016 年 1 月，世界上首台 3.4MW 的 LHD-L-1000 林东模块化大型海洋潮流能发电机组正式在浙江省舟山市岱山县安装下海，首期 1MW 机组 2017 年 8 月正式商业化应用（图 6.4）。截至 2020 年 3 月底，该 1MW 机组已发电并网连续运行超过 33 个月，稳定运行时间打破世界纪录。这标志着中国海流能发电已攻克"稳定"难题，成为世界上继英国、美国之后第三个实现海流能发电并网的国家。目前，LHD 项目 4 个投运机组模块已全面涵盖当前国际上潮流能发电机主流机型，总投运装机达到 1.7MW，远超英国、法国、日本等发达国家的同类发电项目，装机规模和科技水平领先世界。该项目的研制成功，是我国海洋清洁能源利用技术上的重大突破，这也意味着中国在海洋潮流能利用领域跨入世界先进行列。

图 6.4　我国自主研发的 LHD-L-1000 型潮流能发电平台

与国际主流技术相比，中国 LHD 海洋发电项目采用了"平台式＋模块化"的科学路径，从而有效破解了海上安装、运行维护、垃圾防护、电力传输等关键问题，具有装机功率大、资源利用率高、环境友好性强、海域兼容性好、项目可复制性强等特点，达到国际领先水平。

6.2.4　波浪能、温差能、盐差能和海流能

除了潮汐能和潮流能外，海洋能的利用形式还包括以下几种。

（1）波浪能

波浪能是指海洋表面波浪所具有的动能和势能。

波浪的能量与波高的平方、波浪的运动周期以及迎波面的宽度成正比。

波浪能是海洋能源中能量最不稳定的一种能源。台风导致的巨浪，其功率密度可达每米迎波面数兆瓦，而波浪能丰富的欧洲北海地区，其年平均波浪功率密度也仅为

20～40kW/m。中国海岸大部分的年平均波浪功率密度为 2～7kW/m。全球波浪能理论估算值为 10^9 kW 量级。

波浪能发电是波浪能利用的主要方式，其关键是波浪能转换装置。通常波浪能要经过三级转换：第一级为波浪能吸收装置，它将大海的波浪能吸收进来；第二级为中间转换装置，它优化第一级转换，产生出足够稳定的能量；第三级为发电装置，与其他发电装置类似。波浪能发电技术工艺见图 6.5。

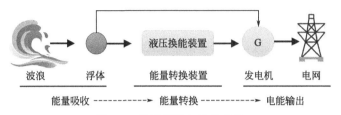

图 6.5　波浪能发电技术工艺

当前，代表性的波浪能发电装置有英国的海蛇（Pelamis）、丹麦的维普托斯（wave energy power take off system，WEPTOS，意为波浪能发电系统）等（图 6.6）。Pelamis 是世界上第一个并网的离岸波浪发电装置，其主体部分犹如"海蛇"。该装置系泊在离岸 5km 左右的海域，总长 140m，由四节直径 3.5m 圆筒及相邻圆筒之间的三个动力关节组成，其额定功率 750kW。在动力关节内有两个液压缸，当海蛇随波浪做上下或左右运动时，圆筒与动力关节之间的相对运动，驱动液压缸活塞杆的伸缩运动，压力油驱动液压马达转动带动发电机发电。WEPTOS 的整体形状像一个大型镊子，两条长达 8m 的大长腿上分别安装着 10 个转子。随着波浪的起伏，这些转子会不停地摆动。通过一个机械装置把同向的转动力矩转递到主轴上，两个主轴的连接处有一个发电机，转子传递给主轴的机械能即可带动发电机发电并通过海底电缆传输到陆地。该装置还会根据海上风浪的大小自动调节两条腿开口的大小。在风浪较小时可以打开至 120°以接收更多的能量，在狂风暴雨极端环境下则会收缩至 13°以减少风浪对设备的损伤。

(a) 海蛇　　　　　　　　　　　　　　　(b) 维普托斯

图 6.6　代表性的波浪能发电装置

（2）温差能

温差能是指海洋表层海水和深层海水之间水温之差的热能。

海洋的表面把太阳辐射能的大部分转化成为热能并储存在海洋的上层。另一方面，接近冰点的海水大面积地在不到 1000m 的深度从极地缓慢地流向赤道。这样，就在许多热带或亚热带海域终年形成 20℃ 以上的垂直海水温差。利用这一温差可以实现热力循环并发电。

温差能发电系统包括开式循环系统、闭式循环系统以及混合循环系统等。

（3）盐差能

盐差能是指海水和淡水之间或两种含盐浓度不同的海水之间的化学电位差能，主要存在于河海交接处。同时，淡水丰富地区的盐湖和地下盐矿也可以利用盐差能。

盐差能是海洋能中能量密度最大的一种可再生能源。一般海水含盐浓度为 3.5% 时，和河水之间的化学电位差有相当于 240m 水头差的能量密度，这种位差可以利用半渗透膜（水能通过而盐不能通过）在盐水和淡水交接处实现。利用这一水位差就可以直接由水轮发电。

世界各河口区的盐差能达 30TW，可利用的有 2.6TW。我国的盐差能估计为 $1.1 \times 10^8 kW$，主要集中在各大江河的出海处。

当前，盐差能的研究以美国、以色列的研究为先，中国、瑞典和日本等也开展了一些研究。但总体上，盐差能研究还处于实验室试验水平，离示范应用还有较长的路程。

（4）海流能

海流能是指海水大规模相对稳定地流动的动能，主要是指海底水道和海峡中较为稳定的流动。

海流与潮流不同，海流是由太阳对海平面照射的热辐射输入或者或盐度不均匀而产生的对流现象。海流和潮流的主要区别是潮流的流动方向周期性改变，而海流流动方向不变，即潮流是海水的振动现象，海流是较为恒定的流动水路。

6.3　天然气水合物

6.3.1　物理化学性质

天然气水合物（natural gas hydrate，NGH）又称笼形包合物（clathrate），是由天然气与水分子在高压（>10MPa）和低温（0~10℃）条件下合成的一种固态结晶物质。因天然气中 80%~90% 的成分是甲烷，故亦称为甲烷水合物（methane hydrate）。

$1m^3$ 天然气水合物在标准状况下可储存 150~180m^3 的天然气，分子量小，成分不稳定，除热膨胀和热传导性质外，天然气水合物的光谱性质、力学性质及传递性质同冰相似。其外貌多呈白色或浅灰色雪状晶体，遇火可燃烧，故俗称"可燃冰"。

天然气水合物的分子式可用 $M \cdot nH_2O$ 来表示，其中 M 代表水合物中的甲烷气体分子，n 为水合指数（也就是水分子数）。目前已发现天然气水合物存在三种基本晶体结构，即结构Ⅰ型、结构Ⅱ型和结构 H 型，如图 6.7 所示。水合物主体分子即水分子间以氢键相互结合形成的笼形点阵结构将客体分子包络在其中所形成的非化学计量的化合物。客体分子与主体分子间以范德华力相互作用，这种作用力是水合物结构形成并稳定存在的关键。

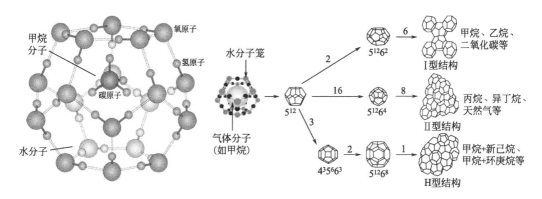

图 6.7　天然气水合物及其晶型

6.3.2　形成条件

自然界中天然气水合物的成藏主要受气源、组分、温度、压力、盐度等介质条件的影响，最基本的三个条件是温度、压力和原材料（气源）。

天然气水合物 0~10℃时生成，超过 20℃便会分解。海底温度一般保持在 2~4℃。对于一定组分的天然气，在给定压力下，存在一个水合物形成的最高温度，称为临界温度，低于这个温度将形成水合物，高于这个温度即使压力很高也不能形成水合物。一般地，随着压力升高，形成水合物的温度也随之升高。

在 0℃时只需 30atm（1atm＝101325Pa）即可生成，并且气压越高，水合物就越不易分解。

一般海底的有机物经过生物转化可产生充足的气源（天然气），在多孔介质的地层环境下，以及温度、压力、气源三者都具备的条件下，水合物晶体会在介质的空隙中生成。

除此之外，形成水合物还有一些次要的条件，包括气体流速及扰动、晶种的存在等。

6.3.3　储量与分布

天然气水合物有望取代煤、石油和天然气而成为 21 世纪潜在的新能源，近十余年来日益受到国际能源界的关注。据保守估算，世界上天然气水合物所含天然气的总资源量为 $(1.8~2.1)×10^{16}m^3$，其热当量相当于全球已知煤、石油和天然气等化石燃料总热当量的 2 倍。天然气水合物是全球第二大碳储库，仅次于碳酸盐岩。

天然气水合物在自然界主要储存在大陆边缘海底和陆域永久冻土带沉积物中，其中海洋天然气水合物约占天然气水合物总量的 95％以上。天然气水合物在自然界广泛分布在大陆、岛屿的斜坡地带、活动和被动大陆边缘的隆起处、极地大陆架以及海洋和一些内陆湖的深水环境。迄今为止，全球已在近海海域与冻土区发现水合物矿点超过 230 处。

我国天然气水合物主要分布在南海海域、东海海域、青藏高原冻土带以及东北冻土带。根据《中国矿产资源报告 2018》初步预测，我国海域天然气水合物资源量约 8×10^{10} toe。

6.3.4　开采技术与环境效应

当前，天然气水合物开采技术方法有多种。主要包括注热法、注化学制剂法、CO_2 置换法、降压法、固态流化法。前四种属于原位分解出天然气的方法。

注热法主要通过向水合物层注入热流体，打破水合物相平衡的条件，促使水合物分解出天然气。注化学制剂法通过向地下水合物层注入化学制剂改变水合物固有相平衡，进而使水合物在原有温度压力条件下分解。CO_2 置换法基于 CO_2 分子更易于与水结合的特点，通过向地层注入 CO_2 将天然气置换出来。降压法通过降低水合物储层压力以打破水合物相平衡状态，促使水合物分解。固态流化法是在原位保证流化水合物为固态，待水合物进入密闭空间后再促进其分解。

注热法和注化学制剂法经济性较差。CO_2 置换法具有降低地质灾害风险、封存 CO_2 以缓解温室效应的优点，但置换速率和置换效率较低，制约了方法应用。降压法无需连续激发，被认为是极具发展潜力且经济的天然气水合物开采方法，但存在水合物二次生成、开采效率低以及可能引发海底滑坡与井壁失稳等地质灾害的问题。固态流化法能降低水合物地下分解所引发的地质环境风险，但存在产量偏低、采后地层修复技术难度大等问题。目前，降压法和固态流化法已成功用于海洋天然气水合物试采工程，标志着开采技术的重大进步。但也应清楚认识到，试采的水合物产量还很低，与商业化开采的差距仍然很大，开采过程中的潜在地质、装备、环境风险仍未从根本上消除。

典型天然气水合物开采的工艺技术及特点见表 6.4。

2017 年 5～6 月，中国地质调查局在南海神狐海域组织实施了我国海域天然气水合物试采，开采方法为降压法，如图 6.8 所示。试采实现连续 60 天产气、累计产气量超过 3×10^5 m³，平均日产 5000m³ 以上，最高产量达 3.5×10^4 m³/d，甲烷含量最高达 99.5%。获取科学试验数据 6.47×10^6 组。此次试开采成功是我国首次也是世界首次成功实现资源量占全球 90% 以上、开发难度最大的泥质粉砂型天然气水合物安全可控开采，为实现天然气水合物产业化开发利用迈进了坚实的一步。同期，我国还在南海神狐海域成功实施了天然气水合物固态流化试采。2020 年 2 月 17 日第二轮试采点火成功，持续完成预定目标任务。本轮试采 1 个月产气总量 8.614×10^5 m³、日均产气量 2.87×10^4 m³，是第一轮 60 天产气总量的 2.8 倍。试采攻克了深海浅软地层水平井钻采核心关键技术，实现产气规模大幅提升，为生产性试采、商业开采奠定了坚实的技术基础。我国也成为全球首个采用水平井钻采技术试采海域天然气水合物的国家。

需要指出的是，天然气水合物的开采既复杂又相当危险。在天然气水合物开采过程中，如果不能有效地实现对温压条件的控制，就可能产生一系列环境效应问题，如温室效应的加剧、海洋生态的变化以及海底滑塌事件等，需要加以有效和必要的防范。

表 6.4 典型天然气水合物开采工艺技术及特点

方法	原理	工艺	技术参数	优点	缺点	应用
注热法	注入高温流体介质，用热量来增高水合物稳定区内的温度，破坏水合物储层稳定性使其分解	分为单井存吐注热水法和连续注热水法	热水温度对产气量影响较大，313K时产气量是293K时产气量的5.16倍；再升高至353K时产气量增幅仅为5.4%	直接迅速，水合物吸热分解效果明显，注热井井口位置可控，对环境影响小，适用性广	热损失大，能效低，尤其是在永久冻土带的矿藏区	发展了井下电磁与微波加热法以减少热损失
注化学制剂法	以甲醇、乙醇、盐水等化学制剂破坏其相平衡促使天然气水合物部分分解	从井孔向水合物储层人化学制剂，改变或破坏了水合物相平衡引起了水合物的分解，产出天然气	影响分解速率的因素包括抑制剂种类、浓度、注入速率、抑制剂的接触面积等	可降低初期能量投入	成本昂贵，反应速度慢，有二次污染	非主流方式，只能作为辅助方法
CO_2 置换法	高压注入 CO_2 形成或使水合物并同时放热，升温后则可以促进天然气水合物的自动分解	将压缩系统收集并制备的高压 CO_2 流体注入水合物沉积层，通过不断注入 CO_2，实现 CH_4 的连续性生产	在 CO_2 和 CH_4 相平衡稳定区(274~277K, 4~5MPa)采用气态或液态 CO_2 置换开采，置换率低(<20%)。使用 CO_2 乳状液置换率可达27.1%	可减少大气中的二氧化碳含量和大气环境的危害，可以尽量避免海底灾害	工艺复杂，较低的置换效率和开采速率限制了置换法的实际应用	理论研究与实验室相对理想环境下
降压法	降低天然气水合物周围的压力，破坏其平衡条件，使其自动分解为天然气	先钻水合物层至下伏游离气层，先开采出常规天然气，待气量降低后降低开采压力，使上方的天然气水合物分解，实现连续开采	可实现连续产天然气30d，共计产出天然气 8.614×10^5 m³，日均产天然气 2.87×10^4 m³	不需连续激发，成本较低，适合大面积开采，尤其适用于存在下伏游离气层的天然气水合物开采	对性质有特殊的要求，只有物藏位于温压平衡边界附近时具有经济可行性	目前被认为是最可行且最具有经济价值的方式
固态流化法	使天然气水合物原地分解为混合相，采集混合的固态气、液、固态气进行处理，再将处理分解，获取天然气	利用海底采矿机器直接采集，再将采集混合物泥浆至海面平台进行处理，再将处理后的杂质(泥砂)回填至海底	约2 h的射流采掘过程采出天然气约101m³	产量大，能量效率较高，可以防止海底灾害的发生	可动用的天然气储量较少，技术难度高，不可预知费用昂贵，相关配套技术大型	已经建立了首个固态流化开采大型物理模拟实验系统

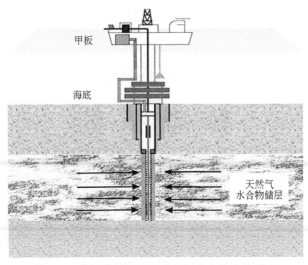

图 6.8　我国降压法开采天然气水合物方法示意

思考题

1.地热资源按照温度的不同有哪些利用方式？
2.简述地热发电的几种形式及其原理。
3.海洋能有哪几种利用方式？
4.天然气水合物的形成条件是什么？
5.简述典型天然气水合物开采技术及其原理。

参考文献

[1]　中国电力企业联合会.地热电站设计规范：GB 50791—2013 [S].北京：中国计划出版社，2013.
[2]　中华人民共和国能源局.地热发电系统热性能计算导则：NB/T 10271—2019 [S].北京：中国石化出版社，2020.
[3]　赵丰年.地热能技术标准体系研究与应用 [M].北京：中国石化出版社，2021.
[4]　唐志伟，王景甫，张宏宇.地热能利用技术 [M].北京：化学工业出版社，2017.
[5]　李允武.海洋能源开发 [M].北京：海洋出版社，2008.
[6]　褚同金.海洋能资源开发利用 [M].北京：化学工业出版社，2005.
[7]　陈光进，孙长宇，马庆兰.气体水合物科学与技术 [M].北京：化学工业出版社，2020.
[8]　付强，王国荣，周守为，等.海洋天然气水合物开采技术与装备发展研究 [J].中国工程科学，2020，22（6）：32-39.
[9]　侯亮，杨金华，刘知鑫，等.中国海域天然气水合物开采技术现状及建议 [J].世界石油工业，2021，28（3）：17-22.
[10]　赵金洲，周守为，张烈辉，等.世界首个海洋天然气水合物固态流化开采大型物理模拟实验系统 [J].天然气工业，2017，37（9）：15-22.

第7章

新 型 核 能

核能（或称原子能）是通过核反应从原子核释放的能量。它是直到 20 世纪随着人类对物质结构的认识的深入才研究开发出的一种新能源。根据《中国核能发展报告 2021》，"十三五"期间，我国核电机组保持安全稳定运行，新投入商运核电机组 20 台，新增装机容量 2344.7 万千瓦，商运核电机组总数达 48 台，总装机容量 4988 万千瓦，装机容量位列全球第三，2020 年发电量达到世界第二；新开工核电机组 11 台，装机容量 1260.4 万千瓦，在建机组数量和装机容量多年位居全球首位。截至 2020 年 12 月底，我国在建核电机组 17 台，在建机组装机容量连续多年保持全球第一。本章将就核能的原理、分类以及核电的运行等内容作简要介绍。

7.1　核能原理及其分类

核能是通过原子核的反应而释放出来的巨大能量。在此过程中，原子核结构发生变化，由一种原子变成了另外的原子。在核反应过程中都发生了质量亏损，而不是与普通的物理化学反应一样遵循质量守恒定律。根据爱因斯坦质能方程 $E = mc^2$，亏损的质量转换为能量释放。

若核反应物质发生了 1g 质量的亏损，则根据质能方程会产生 9×10^{13} J 的能量，由此可见核反应所释放出的能量是巨大的。

核能可以分为核裂变能、核聚变能和反物质能。下面对核裂变能和核聚变能进行介绍。

7.2　核裂变能

7.2.1　核裂变过程原理

所谓核裂变能是通过一些重原子核（如铀-235，铀-238，钚-239 等）的裂变释放出的能量。图 7.1 为铀-235 的核裂变过程示意。在这个过程中，重原子核在高能中子的轰击下，裂变为两个较轻的原子核，同时产生数个高能中子、各种射线，也发生了质量亏损，并释放出大量的能量。产生的高能中子又去轰击其他的重原子核，从而形成链式裂变反应。

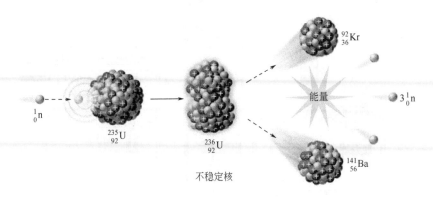

图 7.1　铀-235 的核裂变过程示意

其核裂变反应方程为：

$$\underset{92}{235}U + \underset{0}{1}n \longrightarrow X_1 + X_2 + \nu\underset{0}{1}n + E \tag{7.1}$$

式中　ν——裂变过程中产生的中子数；

X_1，X_2——裂变产生的新原子核，称为"裂变物质"。

裂变物质的种类很多，从锌（Zn）到镝（Dy）的全部元素及其同位素共近 40 种。常见的如：

$$\underset{92}{235}U + \underset{0}{1}n \longrightarrow \underset{56}{141}Ba + \underset{36}{92}Kr + 3\underset{0}{1}n + 200MeV \tag{7.2}$$

$$\underset{92}{235}U + \underset{0}{1}n \longrightarrow \underset{54}{139}Xe + \underset{38}{95}Sr + 2\underset{0}{1}n + 200MeV \tag{7.3}$$

当前核裂变的反应物质（即核燃料）主要是铀。自然界天然存在的易于裂变的材料只有铀-235，它在天然铀中的含量仅有 0.711%，另外两种同位素铀-238 和铀-234 各占 99.238% 和 0.0058%，后两种均不易裂变。其中，铀-235 可以直接进行裂变反应，参与反应的中子是慢中子（热中子），易被铀-235 原子核俘获，而生成的中子携带部分裂变能量，速度较快，被称为快中子（指平均能量在 0.1MeV 左右的中子），它们不容易被俘获，所以需要使用慢化剂或中子反射层使得快中子慢下来或提高俘获率，进而提高核反应效率。而铀-238 只有吸收了快中子生成铀的另一同位素铀-239，铀-239 并不稳定，它会在短时间内发生两次 β 衰变，即生成镎-239 再生成新的重元素钚-239 后才能进行裂变反应。钚-239 的 α 衰变产物是铀-235，因此通常钚-239 的氧化物和铀-238 的氧化物混合，组成钚铀混合氧化物核燃料。

$$\underset{92}{238}U + \underset{0}{1}n \longrightarrow \underset{92}{239}U \xrightarrow[23.5min]{\beta^-} \underset{93}{239}Np \xrightarrow[2.3565d]{\beta^-} \underset{94}{239}Pu \tag{7.4}$$

7.2.2　核电系统构成与运行

核电站是以核反应堆来代替常规火电站的锅炉，以核燃料在核反应堆中发生链式裂变反应产生的热量，来加热水使之变成蒸汽。蒸汽通过管路进入汽轮机，推动汽轮发电机发电。因此，反应堆是核电站的关键部件。

以压水堆核电站为例，其主要构成及工作原理如图 7.2 所示。

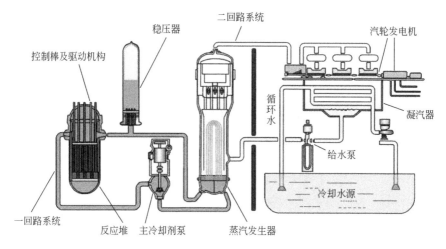

图 7.2　压水堆核电站主要构成及工作原理

（1）反应堆

一般压水反应堆堆芯结构及燃料组件如图 7.3 所示，反应堆主要包括如下部分。

① 堆芯：是发生裂变反应、释放热量、产生强放射性的核心区域，包括核燃料组件、控制棒组件、可燃毒物组件、中子源组件等。

② 反应堆内支撑结构：分为两大主要组件，上部组件又称为压紧组件，包括上部压紧板、上堆芯板、控制棒导向筒、上部支撑筒等；下部组件又称吊篮组件，包括堆芯吊篮、热屏蔽、下堆芯板、围幅板组件、防断支撑等。

③ 反应堆压力壳：壳是放置堆芯和堆内构件，防止放射性物质外溢，承受高温、高压和强辐照的组件，一般要求承压（14～20MPa）、耐高温（320℃以上）、耐腐蚀、使用寿命长（30～40 年）。

④ 控制棒驱动机构：用来控制反应堆的启动、功率调节、停堆及事故情况下的安全控制（紧急停堆）等。

（2）一回路系统及主要设备

压水堆核电厂除了反应堆以外有两个流体循环回路：一回路，即冷却剂回路；二回路，即工质回路。

一回路的主要设备如下。

① 蒸汽发生器：一回路的冷却剂在蒸汽发生器把热量传递给二回路工质以产生蒸汽。

② 冷却剂主循环泵：推动高温高压的冷却剂通过一回路反应堆堆芯循环流动。

③ 稳压器：维持一回路冷却剂所需的压力，防止一回路超压，限制冷却剂由于热胀冷缩引起的压力变化。

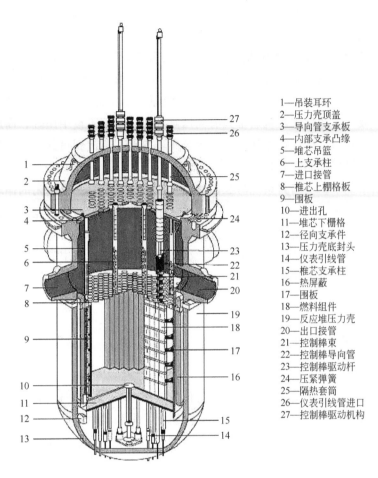

1—吊装耳环
2—压力壳顶盖
3—导向管支承板
4—内部支承凸缘
5—堆芯吊篮
6—上支承柱
7—进口接管
8—椎芯上棚格板
9—围板
10—进出孔
11—堆芯下棚格
12—径向支承件
13—压力壳底封头
14—仪表引线管
15—椎芯支承柱
16—热屏蔽
17—围板
18—燃料组件
19—反应堆压力壳
20—出口接管
21—控制棒束
22—控制棒导向管
23—控制棒驱动杆
24—压紧弹簧
25—隔热套筒
26—仪表引线管进口
27—控制棒驱动机构

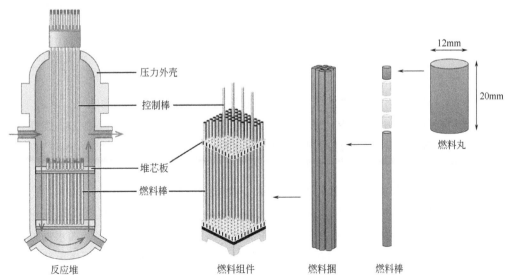

图 7.3 一般压水反应堆堆芯结构及燃料组件

（3）二回路系统及主要设备

核电厂的二回路与普通电站相似，主要包括汽轮机、回热加热器、再热加热器、汽水分离器、凝汽器和水泵等。

二回路蒸汽为参数较低的饱和蒸汽或微过热蒸汽，目前通常在 7.4MPa、290℃左右（大亚湾核电厂的蒸汽发生器出口蒸汽压力为 6.75MPa；蒸汽发生器出口蒸汽温度为 283.6℃）。蒸汽可用焓降低，汽耗大，容积流量大。因此，核电厂经常采用半速汽轮机，其尺寸较大；此外汽轮机通常只有高压缸和低压缸而不设中压缸，高压缸出口蒸汽即为湿蒸汽，在高、低压缸之间设置汽水分离器除水，蒸汽到再热器中加热成微过热蒸汽之后再进入低压缸膨胀做功。

在核电站系统中，一回路系统与二回路系统完全隔开，是一个密闭的循环系统，它的原理流程为：主泵将高压冷却剂送入反应堆，带出核燃料放出的热能；冷却剂流出反应堆后进入蒸汽发生器，把热量传给管外的二回路水，使之沸腾产生蒸汽；冷却剂流经蒸汽发生器后，再由主泵送入反应堆，如此循环，不断将反应堆中的热量带出和转换产生蒸汽；蒸汽冲转汽轮发电机组发电，再经凝汽器凝结后，由给水泵再送入蒸汽发生器；凝汽器由循环水或者冷却塔加以冷却。

7.2.3 商用核电与第四代核反应堆

7.2.3.1 商用核电

实现大规模可控核裂变链式反应的装置称为核反应堆，它是向人类提供核能的关键设备。按照反应堆的用途分类，最为常用的是用于发电和动力源的动力堆。通常，核反应堆芯里有控制棒，是由能强烈吸收中子的材料制成的（主要材料有硼和镉），外面套有不锈钢包壳，可以吸收反应堆中的中子，用来控制反应堆核反应的快慢。如果反应堆发生故障，立即把足够多的控制棒插入堆芯，在很短时间内反应堆就会停止工作，这就保证了反应堆运行的安全。

动力堆主要包括轻水堆、重水堆、气冷堆和快中子增殖堆。

（1）轻水堆

轻水堆是动力堆中最主要的堆型。在全世界的核电站中轻水堆约占 85.9%。普通水（轻水）在反应堆中既作冷却剂又作慢化剂（由于慢中子更易引起铀-235 裂变，而中子裂变出来则是快中子，所以有些反应堆中要放入能使中子速度减慢的材料，就叫慢化剂，一般慢化剂有水、重水、石墨等）。

轻水堆又有两种堆型：沸水堆和压水堆。如图 7.4 所示。

沸水堆采用低浓度（铀-235 浓度约为 3%）的 UO_2 作为燃料，沸腾水作慢化剂和冷却剂。沸水堆的最大特点是作为冷却剂的水会在堆中沸腾而产生蒸汽，沸水堆就相当于常规火电站中的锅炉设备，但是受到材料等因素的限制，沸水堆的工作压力比较低。

压水堆采用低浓度（铀-235 浓度约为 3%）的 UO_2 作为燃料，高压水作慢化剂和冷却剂，是目前世界上最为成熟的堆型。压水堆中的压力较高，冷却剂水的出口温度低于相应压力下的饱和温度，不会沸腾。

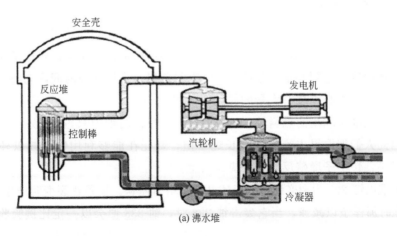

(a) 沸水堆

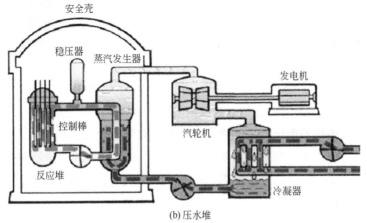

(b) 压水堆

图 7.4　轻水堆堆型

（2）重水堆

重水堆以重水［即氧化氘（D_2O）］作为冷却剂和慢化剂。由于重水对中子的慢化性能好，吸收中子的概率小，因此重水堆可以采用天然铀作燃料。

在核电站中，重水堆约占 4.5%。

（3）气冷堆

气冷堆是以气体（二氧化碳或氦气）作冷却剂，石墨作慢化剂。气冷堆经历了三代。第一代气冷堆是以天然铀作燃料，石墨作慢化剂，二氧化碳作冷却剂。第二代被称为改进型气冷堆，它是采用低浓缩铀作燃料，慢化剂仍为石墨，冷却剂亦为二氧化碳，但冷却剂的出口温度已由第一代的 400℃ 提高到 600℃。第三代为高温气冷堆，采用高浓缩铀作燃料，并用氦作为冷却剂。由于氦冷却效果好，燃料为弥散型无包壳，堆芯石墨又能承受高温，所以堆芯气体出口温度可高达 800℃，故称为高温气冷堆。

核电站的各种堆型中，气冷堆占 2%～3%。

（4）快中子增殖堆

上述的几种堆型中，核燃料的裂变主要是依靠能量比较小的热中子（指平均能量少于 0.025MeV，即约 $4.0×10^{-21}$ J 的自由中子）即所谓的热中子堆。热中子反应堆是一种安全性、洁净度都达到要求的经济能源，在目前以及今后一段时间内它将是发展核电的主要堆型，但堆内必须装有大量的慢化剂。

热中子反应堆所利用的燃料铀-235，在自然界存在的铀中只占 0.7％，而占天然铀 99.3％。因此人们把取得丰富核能的长远希望，寄托在能够利用铀-235 以外的可裂变燃料上。于是，快中子增殖反应堆便应运而生。

快中子堆以钚-239 为裂变燃料，以铀-238 为增殖原料。如果核裂变时产生的快中子，不像轻水堆时那样予以减速，当它轰击铀-238 时，铀-238 便会以一定比例吸收这种快中子，变为钚-239。铀-235 通过吸收一个速度较慢的热中子发生裂变，而钚-239 可以吸收一个快中子而裂变。钚-239 是比铀-235 更好的核燃料。由铀-238 先变为钚，再由钚进行裂变，裂变释出的能量变成热，运到外部后加以利用，这即是快中子增殖堆的工作过程。在快中子增殖堆内，每个铀-239 核裂变所产生的快中子，可以使 12～16 个铀-238 变成钚-239。尽管它一边在消耗核燃料钚-239，但一边又在产生核燃料钚-239，生产的比消耗的还要多，具有核燃料的增殖作用，所以这种反应堆也就被叫作快中子增殖堆，简称快堆。

由于快中子增殖堆不用慢化剂，裂变主要是依靠能量较大的快中子，故堆芯结构紧凑、体积小，功率密度比一般的轻水堆高 4～8 倍。因此，快堆的传热问题就显得特别突出。使用普通水作冷却剂已经不能满足堆芯的放热强度。目前，通常为强化传热都采用液态金属钠作为冷却剂。

快中子堆虽然前途广阔，但技术难度非常大，目前在核电站的各种堆型中仅占 0.7％。

常见的几种反应堆的操作参数见表 7.1。

7.2.3.2　第四代核反应堆

第四代核反应堆的理念不同于前几代，其部分技术路线处于概念和初步设计阶段。第四代核反应堆的主要堆型包括气冷快堆、铅冷快堆、熔盐反应堆、钠冷快堆、超临界水冷堆和超高温气冷堆系统。其中，模块式高温气冷堆作为超高温气冷堆是较具有潜力的一种。

部分代表性的第四代核反应堆的技术及特征见表 7.2。

特别地，当前我国核电自主创新能力显著增强。"华龙一号"自主三代核电技术完成研发，大型先进压水堆及高温气冷堆核电站重大专项取得重大进展，小型堆、第四代核能技术、聚变堆研发基本与国际水平同步。自主核电品牌"华龙一号"成功并网，自主三代核电型号"国和一号"正式发布，我国在三代核电技术领域已跻身世界前列。最近，全球首座球床模块式高温气冷堆核电站——山东荣成石岛湾高温气冷堆核电站示范工程送电成功。这是全球首个并网发电的第四代高温气冷堆核电项目，标志着我国成为世界少数几个掌握第四代核能技术的国家之一，意味着在该领域我国成为世界核电技术的领跑者。

表7.1 常见的几种反应堆的操作参数

堆型	项目	轻水堆(PWR)	轻水堆(BWR)	重水堆(CANDU)	气冷堆(Magnoox)	高温气冷堆(HTGR)	快堆(FBR)
堆芯	热功率/MW	2895	3293	2158.5	1875	3210	563
	电功率(净)/MW	900	1053	728	590	1240(毛)	233
	堆芯尺寸(H×D)/m	3.66×3.04	3.66×4.75	5.94×3.14	17.37×9.14	6.30×8.41	0.85×1.356
	燃料装载量/t	82	148.5	99.4	595.41	1.88(铀)+40(钍)	4.16
	燃料组件数	157	764	380×12	6156×8	3944	103
	栅距/cm	21.4	30.5	28.58	19.7	36.1	12.4
	功率密度/(kW/L)	109	50.7	12	0.9	8.4	460
	平均燃耗/(MW·d/t U)	33000	25000	7154	36000	95000	100000
压力壳	材料	钢	钢	不锈钢	预应力混凝土	预应力混凝土	不锈钢
	形状	圆筒	圆筒	圆筒(卧式)	圆筒	圆筒	圆筒
	尺寸(H×D)/m	11×4	21.9×6.375(内径)	8.25(长)	29.28(内径)	30.5×27.8	11.8×11.5
	壁厚/mm	210	160	25.4	3355	4700	
燃料	材料	UO₂	UO₂	UO₂	金属铀	UC,ThO₂	PuO₂,UO₂
	浓缩度/%	1.8,2.4,3.1	3.57,2.1,1.24	天然铀	天然铀	93.15	19.2~27.1
	每个组件中的棒数	264	49	37	1	217	217
	包壳材料	Zr-4合金	Zr-2合金	Zr-4合金	AL80Magnox	石墨	不锈钢
	包壳厚度/mm	0.57	0.8	0.4	2.1	0.45	0.45
	铀芯直径/cm	0.819	1.24	1.215	2.76	0.55	0.55
冷却剂	材料	H₂O	H₂O	D₂O	CO₂	He	Na
	压力	15.5/15.3	7.24/7.02	11.35/9.99	2.76/2.51	5	0.754/0.098
	进/出口温度/℃	296.4/327.6	275/286	266/310	250.7/402.3	316/741	400×560
	一回路流量/(t/h)	86230	46500	27720	36914	850×6	9950
慢化剂	材料	H₂O	H₂O	D₂O	石墨	石墨	无
	平均温度/℃	310	276	47	—	783	—
汽轮机	蒸汽压力/MPa	6.75	6.65	4.7	4.6	16.6	16.3
	蒸汽温度/℃	284	282.3	260	400.6	510	510

表 7.2 部分代表性的第四代核反应堆的技术及特征

堆型	缩写	燃料循环	能谱	冷却剂	优点	待解决的问题
气冷快堆	GFR	闭式	快	氦气	出口氦气冷却剂温度可达850℃,可以用于发电、制氢和供热,热效率可达48%;产生放射性废物较少,能有效地利用铀资源	用于快中子能谱的燃料、堆芯设计的安全性研究(如余热排出、承压与设计等);新的燃料循环和处理工艺开发、相关材料和高性能氦气轮机的研发
铅冷快堆	LFR	闭式	快	铅或铅/铋共熔低熔点液态金属	可实现铀-238的有效转换和锕系元素的有效管理。出口冷却剂温度550℃,采用先进材料可达800℃,可用于热化学制氢	堆芯材料的兼容性;导热材料的兼容性;设计技术;检测技术;能量转换技术间的耦合技术
熔盐反应堆	MSR	闭式	快	熔融氟化盐	堆芯出口温度700~800℃;能够实现钍的高燃耗和最少的锕系元素积累量,熔融氟盐具有良好的传热特性和低蒸气压力,可以降低容器和管道应力	锕系元素和镧系元素的溶解性、材料的兼容性、盐的处理、分离和再处理工艺,燃料开发,腐蚀和脆化研究,熔盐化学控制,石墨密封工艺和石墨稳定性改进和试验
钠冷快堆	SFR	闭式	快	金属钠	能有效管理锕系元素和铀-238的转换,钠在98℃时熔化,883℃时沸腾,具有高比热容和导热性,主要为管理高放废物,特别是钚和其他锕系元素而设计	99%的锕系元素能够再循环,产物具有很高的浓缩度、不易向环境释放放射性、基础数据、检测和维修技术、降低投资及安全性等
超临界水冷堆	SCWR	一次/闭式	热和快	超临界水	热效率可达44%,优于普通的轻水堆;既适用于热中子谱,也适用于快中子谱;有经济竞争力	结构材料、燃料结构材料和包壳结构材料要能耐高温、耐腐蚀和耐断裂;安全性、运行稳定性控制;电站优化设计
超高温气冷系统	VHTR	闭式	热	氦气	冷却剂出口温度可达1000℃以上,热效率超过50%,有良好非能动安全性;易于模块化,可用于碘-硫热化学或高温电解制氢;经济竞争力强	

7.2.4　核反应堆堆芯初步热工设计

核裂变反应堆堆芯的一般设计目标包括确定反应堆在额定功率和燃耗寿命下堆芯参数，明确燃料装载和换料方式，以及保障堆芯功率分布的合理性以及反应堆经济安全运行等。

对于压水堆核反应堆堆芯的热工设计，应考虑以下准则：

① 燃料元件芯块最高温度应低于相应燃耗下的熔化温度。一般燃耗深度下 UO_2 熔点为 2650℃，在稳态热工设计中，燃料元件中心最高温度选取一般限值在 2200～2450℃之间。

② 燃料元件外表面不发生沸腾临界。一般用临界热流密度比（DNBR）来表征，定义为使用合适关系式计算得到的堆内某处临界热流密度与该处实际热流密度之比，即 $DNBR = q_{DNB}/q$。整个堆芯内 DNBR 的最小值称为最小临界热流密度比 $DNBR_{min}$，应不低于某一规定值。对于压水堆稳态额定工况 $DNBR_{min}$ 一般在 1.8～2.2 之间；对于常见可预见事故工况，则要求 $DNBR_{min} > 1.3$。

③ 必须保证正常运行条件下堆芯得到充分冷却，事故状态下堆芯余热能够有效排出。

④ 在稳态和可预计的瞬态工况中，不发生流动不稳定性等。

在堆芯的初步热工设计中，普遍采用的分析模型和单通道模型，即将热管视为孤立、封闭的对象，在堆芯高度上相邻通道间没有冷却剂的动量、质量和能量交换。单通道模型仅适用于计算闭式通道，当然也可以作为开式通道的计算基础。

7.2.4.1　堆芯几何尺寸的确定

堆芯几何尺寸指堆芯体积、高度和堆芯内燃料组件数。由于受最大线功率密度和平均线功率密度限制，堆芯几何尺寸参数的选择除必须遵循堆芯核设计准则外，更多地取决于热工水力方面的因素。

（1）最大线功率密度

根据稳态和瞬态两种工况，确定堆芯内热通道中最大允许功率水平，通常用燃料线功率密度（即线热流密度）最大允许值 q'_{max} 表示。

一般地，燃料元件内的温差和线功率密度的关系可表示为：

$$q' = 2\pi(T_{cl} - T_{cs}) \Big/ \left(\frac{1}{2\bar{k}_f} + \frac{1}{Rh_g} + \frac{\delta_c}{k_c R} \right) \tag{7.5}$$

式中　q'——燃料元件的线功率密度，W/cm；

T_{cl}——燃料中心温度，℃；

T_{cs}——燃料元件包壳表面温度，℃；

$\bar{k}_f$——燃料的平均热导率，W/(cm·K)；

h_g——有效气隙传热系数，W/(cm²·K)；

k_c——包壳的热导率，W/(cm·K)；

δ_c——包壳的厚度，cm；

R——燃料棒芯块半径，cm。

为确定线功率密度与燃料棒直径的关系，取 $\bar{k}_f=0.025\text{W}/(\text{cm}\cdot\text{K})$ [UO_2 的 $\bar{k}_f$ 典型值为 $0.020\sim0.030\text{W}/(\text{cm}\cdot\text{K})$]，$h_g=0.8\text{W}/(\text{cm}^2\cdot\text{K})$ [压水堆燃料元件的 h_g 典型值为 $0.5\sim1.1\text{W}/(\text{cm}^2\cdot\text{K})$]，$k_c=0.11\text{W}/(\text{cm}\cdot\text{K})$（此处为 Zr-4 合金的热导率）。

取 $T_{cl}=2800℃$（UO_2 的熔点），$T_{cs}=350℃$（这是在正常运行工况下，对锆包壳表面温度的限值，定此限值是为了防止锆包壳的过快腐蚀）；包壳厚度 $\delta_c=0.0605\text{cm}$。

根据以上参数取值代入，则有：

$$q'_{max}=\frac{2\pi(2800-350)}{\frac{1}{2\times0.025}+\frac{1}{0.8R}+\frac{0.0605}{0.11R}}=\frac{15386}{20+1.70/R}$$

若燃料棒芯块直径 $d_f=2R=10\text{mm}$，则 $q'_{max}=657\text{W/cm}$；若 $d_f=8\text{mm}$，则 $q'_{max}=634\text{W/cm}$。

一般地，在温降确定的情况下，线功率密度仅和燃料热导率有关，而和燃料棒直径关系不大。这意味着可采用更细的燃料棒得到同样的线功率密度，而不会导致燃料中心温度超过规定的限值。由于采用较细的燃料棒可减少燃料装载量。这一特性对堆芯设计的经济性具有重要的意义。但需要注意，在同样的线功率密度下，燃料棒直径减小，意味着燃料棒（包壳外表面）热流密度加大，这会有导致 DNBR 减小的危险。

近代压水堆设计中，一般采用保持燃料装载量不变的做法。如此，减小棒径相当于增加堆内元件总数，增加总的传热面积，减小燃料棒表面的热流密度，使燃料棒处于更安全的状况。当然，燃料棒直径的选择还必须涉及核设计方面的考虑。

目前，在使用 UO_2 燃料的压水堆中，线功率密度限值约为 660W/cm。这个值相应于燃料中心温度为 $2800℃$，燃料棒包壳表面温度为 $350℃$（锆包壳）和燃料热导率 $\bar{k}_f\approx0.025\text{W}/(\text{cm}\cdot\text{K})$。在堆芯设计中，考虑到失水事故工况，最大允许线功率密度必须低于 660W/cm。

（2）平均线功率密度

在堆芯设计中，堆芯几何尺寸需要根据堆芯燃料元件平均线功率密度来确定，平均线功率密度与最大允许线功率密度的关系为：

$$\bar{q}'=q'_{max}/F_Q \tag{7.6}$$

式中 $\bar{q}'$——平均线功率密度，W/cm；

q'_{max}——最大允许线功率密度，W/cm；

F_Q——总热通道因子（堆芯总的功率分布不均匀系数）。

其中，总热通道因子 F_Q 可以表示为核热通道因子和工程热通道因子的乘积：

$$F_Q=F_Q^N F_Q^E \tag{7.7}$$

式中 F_Q^N——核热通道因子（核功率分布不均匀系数）；

F_Q^E——工程热通道因子。

其中，核热通道因子 F_Q^N 可以表达为径向核热通道因子 F_R^N 与轴向核热通道因子

F_Z^N 的乘积，即：

$$F_Q^N = F_R^N F_Z^N \tag{7.8}$$

式中　F_R^N——径向核热通道因子；

F_Z^E——轴向核热通道因子。

对于均匀裸圆柱堆芯，径向核热通道因子 F_R^N 与轴向核热通道因子 F_Z^N 分别为：

$$F_R^N = \frac{J_0(0) \int_{-H/2}^{H/2} \cos\left(\frac{\pi z}{H}\right) \mathrm{d}z}{\int_0^R J_0\left(\frac{2.405r}{R}\right) 2\pi r \mathrm{d}r \int_{-H/2}^{H/2} \cos\left(\frac{\pi z}{H}\right) \mathrm{d}z} = 2.32 \tag{7.9}$$

$$F_Z^N = \frac{J_0(0)\cos(0)}{\frac{1}{H} \int_{-H/2}^{H/2} J_0(0)\cos\left(\frac{\pi z}{H}\right) \mathrm{d}z} = 1.57 \tag{7.10}$$

则式（7.8）可写为：

$$F_Q^N = F_R^N F_Z^N = 3.64 \tag{7.11}$$

式中　J_0——第一类零阶贝塞尔函数；

Z——轴向坐标，m；

r——径向坐标，m；

R——燃料棒半径，m；

H——燃料棒高度，m。

但实际上这个数值是十分保守的。因为在真实的反应堆中，采用了不同富集的燃料分区装载方案和合理地控制棒插入，使得堆芯内功率分布得到展平，从而使燃料棒的平均线功率密度尽可能高。因此，核热通道因子 F_Q^N 小于此值。20 世纪 70 年代后设计或准备提出的径向核热通道因子 $F_R^N = 1.54$（或 1.35），轴向核热通道因子 $F_Z^N = 1.435$，因此 $F_Q^N = 1.54 \times 1.435 = 2.210$ 或 $F_Q^N = 1.35 \times 1.435 = 1.937$，现代压水堆核热通道因子典型值取为 $F_Q^N \approx 2.4$。

此外，制造公差，使燃料的富集度、燃料棒密度和直径、燃料棒的表面积、燃料与包壳的间隙的偏心度等都存在局部偏差。后者会影响功率分布的不均匀性，在设计中用工程热通道因子来考虑这种影响。20 世纪 70 年代后设计或准备提出的工程热通道因子 $F_Q^E = 1.05$，近代压水堆内工程热通道因子典型值取为 $F_Q^E \approx 1.03$。

因此若取典型值，将上述数值代入式（7.7），可得：

$$F_Q = F_Q^N F_Q^E \approx 2.4 \times 1.03 = 2.472 \approx 2.5 \tag{7.12}$$

再代入式（7.6）即可求得堆芯燃料元件平均线功率密度 $\overline{q'}$。

（3）堆芯内燃料元件总数

若所设计的核电厂反应堆的总热功率是 N_T，那么由堆芯内燃料释放的总热功率为：

$$N_F = F_u N_T \tag{7.13}$$

式中 N_F——堆芯内燃料释放的总热功率，W；

N_T——核电厂反应堆总热功率，W；

F_u——堆芯燃料释放的功率占反应堆总功率的份额,%，一般为 95%～98%，且与堆型及其设计有关。

因为堆芯释放的总注量率包括堆芯内燃烧释放的全部能量加上结构部件、冷却剂、慢化剂和其他材料吸收辐射后放出的能量，在热中子堆内中子慢化也会释放出一些能量。

用 H 表示每根燃料棒的发热段长度，则堆芯内燃料组件总数 n 为：

$$n = \frac{N_F}{\overline{q'}H} \tag{7.14}$$

式中 n——堆芯内燃料组件总数；

$\overline{q'}$——平均线功率密度，W/cm；

H——每根燃料棒的发热段长度，m。

（4）堆芯等效直径和高度

根据堆芯面积与组件栅元横截面积的几何关系，堆芯的等效直径 D_{eq} 可由下式决定：

$$\frac{\pi D_{eq}^2}{4} = \frac{N_F A}{\overline{q'}H} \tag{7.15}$$

式中 D_{eq}——堆芯的等效直径，m；

N_F——堆芯内燃料释放的总热功率，W；

A——单位燃料栅元的横截面积，m^2；

$\overline{q'}$——平均线功率密度，W/cm；

H——每根燃料棒的发热段长度，m。

需要注意的是，在确定单位燃料栅元的横截面积 A 时，应确定燃料棒直径、包壳厚度、燃料棒和包壳管之间间隙、慢化剂与燃料的体积比等。此外，还应考虑控制元件（可燃毒物棒和控制棒）和测量导管所占的空间。这样，实际的堆芯等效直径略大于由公式计算出的值。要求解公式必须事先确定堆芯的高度与等效直径之比。

对于均匀圆柱裸堆，最佳 H/D_{eq} 为 1.08。对于真实的堆芯，考虑到中子泄漏、制造成本和堆内冷却剂压降等因素，H 和 D_{eq} 一般应满足关系式：

$$0.9 \leqslant H/D_{eq} \leqslant 1.5 \tag{7.16}$$

7.2.4.2 堆芯栅格参数选择

（1）燃料棒直径

在选择和确定燃料棒直径时，要考虑热工水力、机械结构和核方面多种因素。从核方面看，棒径变细，铀-238 对中子的共振吸收增加，中子逃脱共振俘获概率减小，使堆芯的有效增殖因数减小。另外，铀-238 对中子的共振吸收增加使转换比增加。从结构强度和刚度角度看，棒径细更有利。从热工水力传热和事故后安全裕度看，棒径细一点线功率密度及燃料中心温度降低，但这样会导致燃料棒总数增加，提高燃料费用。

近代压水堆堆芯较多考虑堆芯热工安全裕度，设计中趋向采用较细的燃料棒径，在燃料组件中采用 17×17 排列，组件中燃料棒外径为 9mm 或 9.5mm。包壳材料为锆-4 合金或锆-铌合金。保证整个组件输出热功率不变情况下，降低了线功率密度和燃料棒表面热流密度，燃料中心温度和包壳温度相应降低，从而热工裕度增大，也就更加安全。

（2）燃料栅元水-轴体积比的选取

在堆芯设计中，慢化剂与燃料的体积比是一个非常重要的参数，它对堆芯的核特性、热工水力特性和经济性均有影响。如果燃料棒直径已确定，再确定慢化剂与燃料的体积比，就可确定基本燃料栅元的几何尺寸。一个典型压水堆燃料栅元的无限增殖因数 K_∞ 与水-轴体积比的关系如图 7.5 所示。

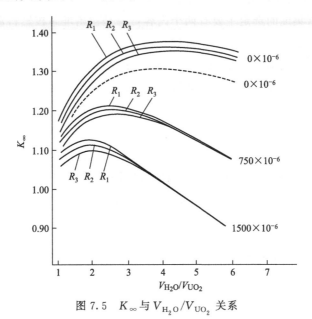

图 7.5 K_∞ 与 V_{H_2O}/V_{UO_2} 关系

如在水中加入可溶毒物硼，则 K_∞ 达到最大值后，随水-轴体积比的增大而迅速减小（与未加硼的同种情况相比）。冷却剂水中的可溶毒物硼的浓度对 K_∞ 的变化也有重要的影响。

在堆芯燃料栅元设计中要考虑上述情况。如果单从堆芯的有效增殖因数来考虑，应选择 K_∞ 达最大值时所对应的水-轴体积比，但较大的水-轴体积比意味着堆芯功率密度的减小。同时还应考虑慢化剂温度系数，设计准则规定在运行参数下慢化剂温度系数不能出现正值。如果 $V_{H_2O}/V_{UO_2} > (V_{H_2O}/V_{UO_2})K_{\infty max}$（表示 K_∞ 达极大值对应的水-轴体积比），则当水的温度上升时，水的密度减小，相当于 V_{H_2O}/V_{UO_2} 减小，这会引起 K_∞ 的增大而导致正温度系数。因此在设计中选择 $V_{H_2O}/V_{UO_2} < (V_{H_2O}/V_{UO_2})K_{\infty max}$。现代压水堆设计中一般取 $K_\infty = 1.5 \sim 2.0$。

（3）燃料组件尺寸选取

国外百万千瓦级压水堆燃料组件，经过不断发展和改进，目前已形成标准系列产品。

以美国西屋公司和法国阿海珐公司为代表的 17×17 排列活性段高度有 12 英寸和 14 英寸燃料组件，它们的型号分别如下。

西屋公司：OFA、VANTAGE5、VANTAGE5H、PerFormance＋和正在研发的 Robass 组件。

阿海珐公司：AFA、AFA-2G、AFA-3G 和正在研发的 Alans 组件。

美国西门子动力公司：HTP 组件。

此外，美国通用公司开发了 16×16 排列燃料组件，德国西门子核电站用 18×18 排列燃料组件，俄罗斯用 ВВЭР-1000/V428 燃料组件。

（4）核燃料装量和富集度选取

堆芯尺寸和栅格水-铀体积比确定后，堆芯首炉核燃料总装量也就相应确定。再根据 UO_2 芯块密度可得出堆芯首炉 UO_2 的总装量。

堆芯核燃料富集度的选定主要有两个内容：一是初始堆芯核燃料富集度分区及分区布置方式，它取决于堆芯功率展平、可燃毒物分布和到平衡循环铀-235 富集度的过渡；二是平衡循环铀-235 富集度的选取，它取决于核电站运行停堆换料周期，核燃料棒和组件能经受极限燃耗深度，这些对降低核发电成本有重要意义。

用轻水作慢化剂的反应堆燃料的最佳富集度确定涉及许多因素，如堆芯尺寸、堆的热功率要求、燃料和慢化剂的体积比、包壳材料吸收中子的性质、预期的燃耗值、燃料循环成本等，需要通过多方案燃料循环计算和核电站运行燃料管理分析，确定首炉堆芯核燃料分区装料和平衡循环换料铀-235 富集度选取。目前压水堆堆芯燃料富集度在 2%～4%内选择，而且堆芯首炉装料采用 3～4 区分区装料布置。

7.2.4.3 典型布置方式及技术参数

一个典型的百万千瓦级堆芯首炉装料布置如图 7.6 所示，百万千瓦级压水堆主要技术参数如表 7.3 所列。

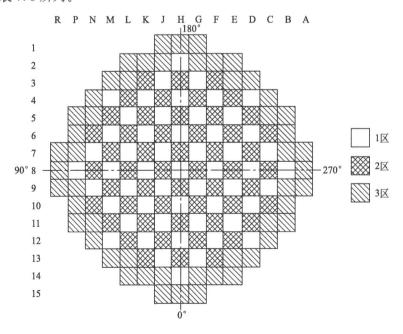

图 7.6 典型的百万千瓦级堆芯首炉装料布置示意

表 7.3　百万千瓦级压水堆技术参数

项目	单位	MD312	MD314	MD412	MD414	MD1000	EPR
堆芯额定功率	MW·h	2900	3150	3411	3850	3400	4500
反应堆入口温度	℃	290.2	292.0	289	293	280.7	295.6
反应堆出口温度	℃	326.6	328.3	325	330	321	328.2
堆芯燃料组件数		157	157	193	193	157	241
装料量(以 UO_2 计)	t	70.5	82.3	89.7	104.9	54.5	
堆芯燃料高度(有效)	cm	366	427	366	427	437	420
堆芯当量直径	cm	304	304	337	337	304	376.7
燃料组件型号		AFA 17×17	17×17P+	17×17P+	17×17 P+	17×17P	17×17
燃料棒直径	mm	9.5	9.5	9.5	9.5	9.5	9.5
控制棒组件数		48	61	57	61	69	89
平均线功率密度	W/cm	186.7	173.5	182	172	187	156.1
平均功率密度	kW/L	104.5	101.7	106.7	106		
燃料循环长度	月	18	18~24	8	18~24	18~24	18~24
平均卸料燃耗	MW·d/t U	46500	47000~55000	>45000	>48000	45000~47000	最大 70000
反应堆压力容器高度×直径	m×m	12.9×3.99	12.9×4.4	12.9×4.4	13.6×4.4	12.9×3.99	12.7×4.885
压力容器设计寿命	a	40	40	60	60	60	60

7.3　核聚变能

7.3.1　核聚变过程原理

由两个或者两个以上轻原子核（如氢的同位素——氘和氚）结合成一个较重的原子核，同时发生质量亏损释放巨大能量的反应，叫作核聚变反应（又称热核反应），其释放出的能量称为核聚变能。反应过程如图 7.7 所示。

氢的同位素氘（^2_1H，重氢 D）和氚（^3_1H，超重氢 T）是基本的核聚变材料，最有希望的核聚变材料是氚。氘与氚之间以及氘与氘的反应是最重要的核聚变反应。一个 D（氘）和 T（氚）发生核聚变反应会产生一个中子，并且释放 17.58MeV 的能量。其核反应方程式为：

$$^2_1H + ^3_1H \longrightarrow ^4_2He(3.52MeV) + ^1_0n(14.06MeV) + 17.58MeV \tag{7.17}$$

$$^2_1H + ^2_1H \longrightarrow ^3_1H(1.01MeV) + ^1_1p(3.03MeV) \tag{7.18}$$

$$^2_1H + ^2_1H \longrightarrow ^3_2He(0.82MeV) + ^1_0n(2.45MeV) \tag{7.19}$$

$$^2_1H + ^3_2He \longrightarrow ^4_2He(3.67MeV) + ^1_1p(14.67MeV) \tag{7.20}$$

氘大量存在于海水的重水之中，是一种取之不尽、用之不竭、经济实惠的能源。

核聚变反应是在极高温度下发生的。在这种极高的温度下，参加反应的原子（氘原

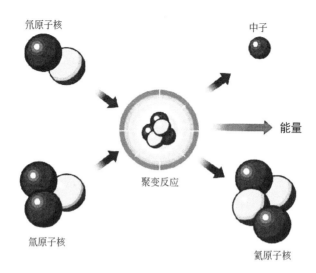

氘原子核

中子

能量

聚变反应

氚原子核

氦原子核

图 7.7 核聚变反应过程示意

子、氘原子等）的核外电子都被剥离，成为裸露的原子核，这种由完全带正电的原子核（离子）和带负电的电子构成的高度电离的气体就称为等离子体。这是发生核聚变反应的必要条件。

由于辐射传热与温度的四次方成正比，在发生核聚变的超高温下，等离子体以辐射的形式损失的热量是非常巨大的。如果聚变反应释放的能量小于辐射损失，热核反应就会终止。因此存在一个临界温度，当超过这一温度时聚变反应就能持续进行。这一临界温度就被称作临界点火温度，对于氘-氚反应，临界点火温度约为 $4.4 \times 10^7 \, ℃$；纯氘反应，点火温度约为 $2 \times 10^8 \, ℃$。

在这样高温下，燃料粒子处于电离状态，即由带正电的离子和带负电的电子组成的气体，通常称为等离子体。

7.3.2 受控核聚变实现途径

要实现可控核聚变，除需要极高温度外，还需要解决等离子体密度和约束时间问题，从而可以控制核聚变所释放出的能量的多少，否则核聚变反应无法维持。

核聚变反应的等离子体温度极高，任何材料制成的器壁都承受不了如此高温，因此必须对等离子体进行约束，即将它与周围环境隔离开来。

目前有两种不同的约束途径：磁约束和惯性约束。

7.3.2.1 磁约束

由于高温等离子体是由高速运动的荷电粒子（离子、电子）组成，如果利用设计的磁场来约束高温等离子体，使带电粒子只能沿着一个螺旋形的轨道运动，这样磁场的作用就相当于一个容器了。这就是磁约束系统的思想。

稳定的约束取决于等离子体的压强 P 与磁压 $B^2/2$ 之比，这个比值计为 β，其最大值仅能达到理论极限的一小部分，磁场作为等离子体的约束区需采用适当位型。

托卡马克（TOKAMAK）是一个环形等离子体磁约束系统，如图 7.8 所示。其中主要磁场由环向磁场和极向（正交于环向）磁场组成，环向磁场由绕于环形真空室上的载流线圈产生，极向磁场是由流经等离子体的环向电流产生，这环向电流是由变压器感应产生的。等离子体本身作为变压器的次级绕组，初级绕组设置于变压器的铁芯（或空心）上。

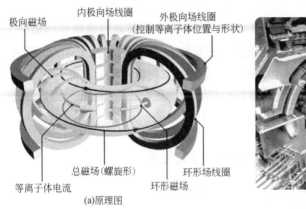

(a)原理图

(b) 概念图

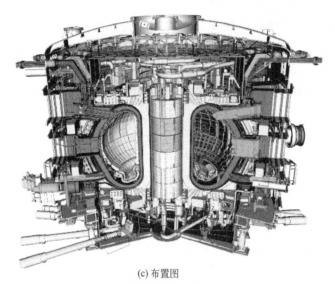

(c) 布置图

图 7.8　托卡马克原理、概念与布置图

在托卡马克装置中，欧姆线圈的电流变化提供产生、建立和维持等离子体电流所需要的伏秒数（变压器原理）。极向场线圈产生的极向磁场控制等离子体截面形状和位置平衡。环向场线圈产生的环向磁场保证等离子体的宏观整体稳定性。环向磁场与等离子体电流产生的极向磁场一起构成磁力线旋转变换的和磁面结构嵌套的磁场位形来约束等离子体；同时，等离子体电流还对自身进行欧姆加热。

等离子体的截面形状可以是圆形，也可以与偏滤器位形结合设计成 D 形以利于约束。通常，等离子体电流所产生的欧姆加热仅能使托卡马克等离子体的能量增至几千电子伏。要实现核聚变必须将等离子体能量增至 10keV 以上，可通过大功率中性束注入加热和微波加热使等离子体达到和超过氘-氚有效反应所需的能量或温度。加大装置尺寸，约束时间大致按尺寸的平方增大。此外，还可通过提高环向磁场强度、优化约束位形和运行模式来提高能量约束时间。实验表明，托卡马克实验装置已满足建立核聚变反应堆的基本要求。

7.3.2.2　惯性约束

惯性约束核聚变又称激光核聚变。基本设想是，在原子核飞行的极短时间内完成核聚变反应，就无需采取其他措施来约束等离子体，这样等离子体将被自身惯性约束。

惯性约束的关键是在极短的时间内能完成核聚变反应，为此需将燃料制成微型丸，丸的半径为1mm。然后用聚焦的激光或电子束、离子束照射燃料弹丸，使其外层消熔，急速飞离表面，所产生的反作用，将急剧压缩其内部，使加热至点火条件。其热核聚变反应如一个微型氢弹爆炸，近年来这方面研究也取得较大进展。

7.3.3　"国际热核聚变实验堆计划"与我国"东方超环"

目前，"国际热核聚变实验堆（international thermonuclear experimental reactor，ITER）计划"是热核聚变领域全球规模最大、影响最深远的国际科研合作项目之一。ITER装置是一个能产生大规模核聚变反应的超导托卡马克。ITER计划首倡于1985年，并于1988年开始实验堆的研究设计工作。ITER计划将历时35年，其中建造阶段10年、运行和开发利用阶段20年、去活化阶段5年。2006年5月，我国政府与欧盟、印度、日本、韩国、俄罗斯和美国共同草签了ITER计划协定，标志着我国实质上参加了ITER计划。

值得一提的是，2021年5月28日，作为中国科学院等离子体所自主设计、研制并拥有完全知识产权的磁约束核聚变实验装置，有我国"人造太阳"之称的全超导托卡马克核聚变实验装置"东方超环（EAST）"取得重大突破，成功实现可重复的 1.2×10^8 ℃下101s和 1.6×10^8 ℃下20s的等离子体运行。打破2020年末韩国超导托卡马克（KSTAR）实现的 1×10^8 ℃ 20s的世界纪录，取得巨大的成功。这标志着EAST成为了世界上第一个实现稳态高约束模式运行持续时间达到百秒量级的托卡马克核聚变实验装置，标志着我国磁约束聚变研究在稳态运行的物理和工程方面，将继续引领国际前沿，对国际热核聚变实验堆（ITER）和未来中国聚变工程实验堆（CFETR）的建设和运行具有重大科学意义。

思考题

1. 为什么 ^{235}U 在热中子的轰击下容易发生裂变，而 ^{238}U 在热中子的轰击下几乎不裂变？

2. 在某核反应堆中，每小时消耗10g含5%的 ^{235}U 的浓缩铀，假设铀核裂变时平均释放能量200MeV，核反应堆的效率是90%，求该反应堆的输出功率是多少？（1eV＝

1.6×10^{-19} J)

3. 核裂变反应堆堆芯初步设计一般需要确定哪些参数?

4. 已知某压水堆采用水兼作冷却剂和慢化剂，用二氧化铀作燃料及锆-4 作包壳材料。堆的输出热功率 953MW，要求燃料元件中心最高温度不超过 2800℃。试用线功率密度法对堆芯进行初步几何设计。

5. 简述以冷却剂和慢化剂分类的核反应堆类型。

6. 如何实现受控核聚变?

参考文献

[1]　中国核能行业协会.中国核能发展与展望 2021 [R].2022.

[2]　王革华.新能源概论 [M].2 版.北京：化学工业出版社，2011.

[3]　郑明光，杜圣华.压水堆核电站工程设计 [M].上海：上海科学技术出版社，2013.

[4]　于平安，朱瑞安，喻真烷.核反应堆热工分析 [M].3 版.上海：上海交通大学出版社，2002.

[5]　邬国伟.核反应堆工程设计 [M].北京：原子能出版社，1997.

第8章

我国新能源与可再生能源的发展规划与行动方案

新能源与可再生能源的发展需要有步骤、有计划、按部就班地进行，具有较强的目的性和阶段性的特点。本章将就目前我国新能源与可再生能源发展的法律依据、重大举措、远景战略和阶段规划等内容进行介绍，以便充分认识我国新能源与可再生能源的发展背景与前景。

8.1 法律基础

《中华人民共和国可再生能源法》是为了促进可再生能源的开发利用，增加能源供应，改善能源结构，保障能源安全，保护环境，实现经济社会的可持续发展而制定的。它是我国新能源与可再生能源政策制定和指导的基本法律依据（图 8.1）。

图 8.1　中华人民共和国可再生能源法

　　《中华人民共和国可再生能源法》由中华人民共和国第十届全国人民代表大会常务委员会第十四次会议于 2005 年 2 月 28 日通过，自 2006 年 1 月 1 日起施行。该法的修订案由第十一届全国人民代表大会常务委员会第十二次会议于 2009 年 12 月 26 日通过，自 2010 年 4 月 1 日起施行。

　　《中华人民共和国可再生能源法》共分为八章三十三条，内容分别如下：

第一章　总　　则

　　第一条　为了促进可再生能源的开发利用，增加能源供应，改善能源结构，保障能源安全，保护环境，实现经济社会的可持续发展，制定本法。

　　第二条　本法所称可再生能源，是指风能、太阳能、水能、生物质能、地热能、海洋能等非化石能源。

　　水力发电对本法的适用，由国务院能源主管部门规定，报国务院批准。

　　通过低效率炉灶直接燃烧方式利用秸秆、薪柴、粪便等，不适用本法。

　　第三条　本法适用于中华人民共和国领域和管辖的其他海域。

　　第四条　国家将可再生能源的开发利用列为能源发展的优先领域，通过制定可再生能源开发利用总量目标和采取相应措施，推动可再生能源市场的建立和发展。

　　国家鼓励各种所有制经济主体参与可再生能源的开发利用，依法保护可再生能源开发利用者的合法权益。

　　第五条　国务院能源主管部门对全国可再生能源的开发利用实施统一管理。国务院有关部门在各自的职责范围内负责有关的可再生能源开发利用管理工作。

　　县级以上地方人民政府管理能源工作的部门负责本行政区域内可再生能源开发利用的管理工作。县级以上地方人民政府有关部门在各自的职责范围内负责有关的可再生能源开发利用管理工作。

第二章　资源调查与发展规划

　　第六条　国务院能源主管部门负责组织和协调全国可再生能源资源的调查，并会同国务院有关部门组织制定资源调查的技术规范。

　　国务院有关部门在各自的职责范围内负责相关可再生能源资源的调查，调查结果报国务院能源主管部门汇总。

　　可再生能源资源的调查结果应当公布；但是，国家规定需要保密的内容除外。

　　第七条　国务院能源主管部门根据全国能源需求与可再生能源资源实际状况，制定全国可再生能源开发利用中长期总量目标，报国务院批准后执行，并予公布。

　　国务院能源主管部门根据前款规定的总量目标和省、自治区、直辖市经济发展与可再生能源资源实际状况，会同省、自治区、直辖市人民政府确定各行政区域可再生能源开发利用中长期目标，并予公布。

　　第八条　国务院能源主管部门会同国务院有关部门，根据全国可再生能源开发利用中长期总量目标和可再生能源技术发展状况，编制全国可再生能源开发利用规划，报国务院批准后实施。

国务院有关部门应当制定有利于促进全国可再生能源开发利用中长期总量目标实现的相关规划。

省、自治区、直辖市人民政府管理能源工作的部门会同本级人民政府有关部门，依据全国可再生能源开发利用规划和本行政区域可再生能源开发利用中长期目标，编制本行政区域可再生能源开发利用规划，经本级人民政府批准后，报国务院能源主管部门和国家电力监管机构备案，并组织实施。

经批准的规划应当公布；但是，国家规定需要保密的内容除外。

经批准的规划需要修改的，须经原批准机关批准。

第九条 编制可再生能源开发利用规划，应当遵循因地制宜、统筹兼顾、合理布局、有序发展的原则，对风能、太阳能、水能、生物质能、地热能、海洋能等可再生能源的开发利用作出统筹安排。规划内容应当包括发展目标、主要任务、区域布局、重点项目、实施进度、配套电网建设、服务体系和保障措施等。

组织编制机关应当征求有关单位、专家和公众的意见，进行科学论证。

第三章　产业指导与技术支持

第十条 国务院能源主管部门根据全国可再生能源开发利用规划，制定、公布可再生能源产业发展指导目录。

第十一条 国务院标准化行政主管部门应当制定、公布国家可再生能源电力的并网技术标准和其他需要在全国范围内统一技术要求的有关可再生能源技术和产品的国家标准。

对前款规定的国家标准中未作规定的技术要求，国务院有关部门可以制定相关的行业标准，并报国务院标准化行政主管部门备案。

第十二条 国家将可再生能源开发利用的科学技术研究和产业化发展列为科技发展与高技术产业发展的优先领域，纳入国家科技发展规划和高技术产业发展规划，并安排资金支持可再生能源开发利用的科学技术研究、应用示范和产业化发展，促进可再生能源开发利用的技术进步，降低可再生能源产品的生产成本，提高产品质量。

国务院教育行政部门应当将可再生能源知识和技术纳入普通教育、职业教育课程。

第四章　推广与应用

第十三条 国家鼓励和支持可再生能源并网发电。

建设可再生能源并网发电项目，应当依照法律和国务院的规定取得行政许可或者报送备案。

建设应当取得行政许可的可再生能源并网发电项目，有多人申请同一项目许可的，应当依法通过招标确定被许可人。

第十四条 国家实行可再生能源发电全额保障性收购制度。

国务院能源主管部门会同国家电力监管机构和国务院财政部门，按照全国可再生能源开发利用规划，确定在规划期内应当达到的可再生能源发电量占全部发电量的比重，制定电网企业优先调度和全额收购可再生能源发电的具体办法，并由国务院能源主管部门会同国家电力监管机构在年度中督促落实。

电网企业应当与按照可再生能源开发利用规划建设，依法取得行政许可或者报送备案的可再生能源发电企业签订并网协议，全额收购其电网覆盖范围内符合并网技术标准的可再生能源并网发电项目的上网电量。发电企业有义务配合电网企业保障电网安全。

电网企业应当加强电网建设，扩大可再生能源电力配置范围，发展和应用智能电网、储能等技术，完善电网运行管理，提高吸纳可再生能源电力的能力，为可再生能源发电提供上网服务。

第十五条　国家扶持在电网未覆盖的地区建设可再生能源独立电力系统，为当地生产和生活提供电力服务。

第十六条　国家鼓励清洁、高效地开发利用生物质燃料，鼓励发展能源作物。

利用生物质资源生产的燃气和热力，符合城市燃气管网、热力管网的入网技术标准的，经营燃气管网、热力管网的企业应当接收其入网。

国家鼓励生产和利用生物液体燃料。石油销售企业应当按照国务院能源主管部门或者省级人民政府的规定，将符合国家标准的生物液体燃料纳入其燃料销售体系。

第十七条　国家鼓励单位和个人安装和使用太阳能热水系统、太阳能供热采暖和制冷系统、太阳能光伏发电系统等太阳能利用系统。

国务院建设行政主管部门会同国务院有关部门制定太阳能利用系统与建筑结合的技术经济政策和技术规范。

房地产开发企业应当根据前款规定的技术规范，在建筑物的设计和施工中，为太阳能利用提供必备条件。

对已建成的建筑物，住户可以在不影响其质量与安全的前提下安装符合技术规范和产品标准的太阳能利用系统；但是，当事人另有约定的除外。

第十八条　国家鼓励和支持农村地区的可再生能源开发利用。

县级以上地方人民政府管理能源工作的部门会同有关部门，根据当地经济社会发展、生态保护和卫生综合治理需要等实际情况，制定农村地区可再生能源发展规划，因地制宜地推广应用沼气等生物质资源转化、户用太阳能、小型风能、小型水能等技术。

县级以上人民政府应当对农村地区的可再生能源利用项目提供财政支持。

第五章　价格管理与费用补偿

第十九条　可再生能源发电项目的上网电价，由国务院价格主管部门根据不同类型可再生能源发电的特点和不同地区的情况，按照有利于促进可再生能源开发利用和经济合理的原则确定，并根据可再生能源开发利用技术的发展适时调整。上网电价应当公布。

依照本法第十三条第三款规定实行招标的可再生能源发电项目的上网电价，按照中标确定的价格执行；但是，不得高于依照前款规定确定的同类可再生能源发电项目的上网电价水平。

第二十条　电网企业依照本法第十九条规定确定的上网电价收购可再生能源电量所发生的费用，高于按照常规能源发电平均上网电价计算所发生费用之间的差额，由在全国范围对销售电量征收可再生能源电价附加补偿。

第二十一条 电网企业为收购可再生能源电量而支付的合理的接网费用以及其他合理的相关费用，可以计入电网企业输电成本，并从销售电价中回收。

第二十二条 国家投资或者补贴建设的公共可再生能源独立电力系统的销售电价，执行同一地区分类销售电价，其合理的运行和管理费用超出销售电价的部分，依照本法第二十条的规定补偿。

第二十三条 进入城市管网的可再生能源热力和燃气的价格，按照有利于促进可再生能源开发利用和经济合理的原则，根据价格管理权限确定。

第六章 经济激励与监督措施

第二十四条 国家财政设立可再生能源发展基金，资金来源包括国家财政年度安排的专项资金和依法征收的可再生能源电价附加收入等。

可再生能源发展基金用于补偿本法第二十条、第二十二条规定的差额费用，并用于支持以下事项：

（一）可再生能源开发利用的科学技术研究、标准制定和示范工程；

（二）农村、牧区的可再生能源利用项目；

（三）偏远地区和海岛可再生能源独立电力系统建设；

（四）可再生能源的资源勘查、评价和相关信息系统建设；

（五）促进可再生能源开发利用设备的本地化生产。

本法第二十一条规定的接网费用以及其他相关费用，电网企业不能通过销售电价回收的，可以申请可再生能源发展基金补助。

可再生能源发展基金征收使用管理的具体办法，由国务院财政部门会同国务院能源、价格主管部门制定。

第二十五条 对列入国家可再生能源产业发展指导目录、符合信贷条件的可再生能源开发利用项目，金融机构可以提供有财政贴息的优惠贷款。

第二十六条 国家对列入可再生能源产业发展指导目录的项目给予税收优惠。具体办法由国务院规定。

第二十七条 电力企业应当真实、完整地记载和保存可再生能源发电的有关资料，并接受电力监管机构的检查和监督。

电力监管机构进行检查时，应当依照规定的程序进行，并为被检查单位保守商业秘密和其他秘密。

第七章 法律责任

第二十八条 国务院能源主管部门和县级以上地方人民政府管理能源工作的部门和其他有关部门在可再生能源开发利用监督管理工作中，违反本法规定，有下列行为之一的，由本级人民政府或者上级人民政府有关部门责令改正，对负有责任的主管人员和其他直接责任人员依法给予行政处分；构成犯罪的，依法追究刑事责任：

（一）不依法作出行政许可决定的；

（二）发现违法行为不予查处的；

（三）有不依法履行监督管理职责的其他行为的。

第二十九条　违反本法第十四条规定，电网企业未按照规定完成收购可再生能源电量，造成可再生能源发电企业经济损失的，应当承担赔偿责任，并由国家电力监管机构责令限期改正；拒不改正的，处以可再生能源发电企业经济损失额一倍以下的罚款。

第三十条　违反本法第十六条第二款规定，经营燃气管网、热力管网的企业不准许符合入网技术标准的燃气、热力入网，造成燃气、热力生产企业经济损失的，应当承担赔偿责任，并由省级人民政府管理能源工作的部门责令限期改正；拒不改正的，处以燃气、热力生产企业经济损失额一倍以下的罚款。

第三十一条　违反本法第十六条第三款规定，石油销售企业未按照规定将符合国家标准的生物液体燃料纳入其燃料销售体系，造成生物液体燃料生产企业经济损失的，应当承担赔偿责任，并由国务院能源主管部门或者省级人民政府管理能源工作的部门责令限期改正；拒不改正的，处以生物液体燃料生产企业经济损失额一倍以下的罚款。

<h3 style="text-align:center">第八章　附　则</h3>

第三十二条　本法中下列用语的含义：

（一）生物质能，是指利用自然界的植物、粪便以及城乡有机废物转化成的能源。

（二）可再生能源独立电力系统，是指不与电网连接的单独运行的可再生能源电力系统。

（三）能源作物，是指经专门种植，用以提供能源原料的草本和木本植物。

（四）生物液体燃料，是指利用生物质资源生产的甲醇、乙醇和生物柴油等液体燃料。

第三十三条　本法自 2006 年 1 月 1 日起施行。

8.2　新时代推进中国能源革命的主要政策和重大举措

2020 年 12 月中华人民共和国国务院新闻办公室发布《新时代的中国能源发展》白皮书，介绍了新时代中国能源发展成就，全面阐述中国推进能源革命的主要政策和重大举措（图 8.2）。

其中"建设多元清洁的能源供应体系"中指出："立足基本国情和发展阶段，确立生态优先、绿色发展的导向，坚持在保护中发展、在发展中保护，深化能源供给侧结构性改革，优先发展非化石能源，推进化石能源清洁高效开发利用，健全能源储运调峰体系，促进区域多能互补协调发展。"

开发利用非化石能源是推进能源绿色低碳转型的主要途径。中国把非化石能源放在能源发展优先位置，大力推进低碳能源替代高碳能源、可再生能源替代化石能源。特别阐明了以下新能源与可再生能源的发展状况：

（1）推动太阳能多元化利用

按照技术进步、成本降低、扩大市场、完善体系的原则，全面推进太阳能多方式、

图 8.2　《新时代的中国能源发展》白皮书

多元化利用。统筹光伏发电的布局与市场消纳，集中式与分布式并举开展光伏发电建设，实施光伏发电"领跑者"计划，采用市场竞争方式配置项目，加快推动光伏发电技术进步和成本降低，光伏产业已成为具有国际竞争力的优势产业。完善光伏发电分布式应用的电网接入等服务机制，推动光伏与农业、养殖、治沙等综合发展，形成多元化光伏发电发展模式。通过示范项目建设推进太阳能热发电产业化发展，为相关产业链的发展提供市场支撑。推动太阳能热利用不断拓展市场领域和利用方式，在工业、商业、公共服务等领域推广集中热水工程，开展太阳能供暖试点。

（2）全面协调推进风电开发

按照统筹规划、集散并举、陆海齐进、有效利用的原则，在做好风电开发与电力送出和市场消纳衔接的前提下，有序推进风电开发利用和大型风电基地建设。积极开发中东部分散风能资源。积极稳妥发展海上风电。优先发展平价风电项目，推行市场化竞争方式配置风电项目。以风电的规模化开发利用促进风电制造产业发展，风电制造产业的创新能力和国际竞争力不断提升，产业服务体系逐步完善

（3）推进水电绿色发展

坚持生态优先、绿色发展，在做好生态环境保护和移民安置的前提下，科学有序推进水电开发，做到开发与保护并重、建设与管理并重。以西南地区主要河流为重点，有序推进流域大型水电基地建设，合理控制中小水电开发。推进小水电绿色发展，加大对实施河流生态修复的财政投入，促进河流生态健康。完善水电开发移民利益共享政策，坚持水电开发促进地方经济社会发展和移民脱贫致富，努力做到"开发一方资源、发展一方经济、改善一方环境、造福一方百姓"。

（4）安全有序发展核电

中国将核安全作为核电发展的生命线，坚持发展与安全并重，实行安全有序发展核电的方针，加强核电规划、选址、设计、建造、运行和退役等全生命周期管理和监督，坚持采用最先进的技术、最严格的标准发展核电。完善多层次核能、核安全法规标准体系，加强核应急预案和法制、体制、机制建设，形成有效应对核事故的国家核应急能力体系。强化核安保与核材料管制，严格履行核安保与核不扩散国际义务，始终保持着良好的核安保记录。迄今为止在运核电机组总体安全状况良好，未发生国际核事件分级 2 级及以上的事件或事故。

（5）因地制宜发展生物质能、地热能和海洋能

采用符合环保标准的先进技术发展城镇生活垃圾焚烧发电，推动生物质发电向热电联产转型升级。积极推进生物天然气产业化发展和农村沼气转型升级。坚持不与人争粮、不与粮争地的原则，严格控制燃料乙醇加工产能扩张，重点提升生物柴油产品品质，推进非粮生物液体燃料技术产业化发展。创新地热能开发利用模式，开展地热能城镇集中供暖，建设地热能高效开发利用示范区，有序开展地热能发电。积极推进潮流能、波浪能等海洋能技术研发和示范应用。

（6）全面提升可再生能源利用率

完善可再生能源发电全额保障性收购制度。实施清洁能源消纳行动计划，多措并举促进清洁能源利用。提高电力规划整体协调性，优化电源结构和布局，充分发挥市场调节功能，形成有利于可再生能源利用的体制机制，全面提升电力系统灵活性和调节能力。实行可再生能源电力消纳保障机制，对各省、自治区、直辖市行政区域按年度确定电力消费中可再生能源应达到的最低比重指标，要求电力销售企业和电力用户共同履行可再生能源电力消纳责任。发挥电网优化资源配置平台作用，促进源网荷储互动协调，完善可再生能源电力消纳考核和监管机制。可再生能源电力利用率显著提升，2019 年全国平均风电利用率达 96％、光伏发电利用率 98％、主要流域水能利用率达 96％。

8.3　能源发展宏观远景与革命战略

8.3.1　十四五规划和二○三五年远景目标建议

2020 年 11 月发布的《中共中央关于制定国民经济和社会发展第十四个五年规划和二○三五年远景目标的建议》（图 8.3）的 60 条建议中，对涉及新能源远景目标概括为：

发展战略性新兴产业。加快壮大新一代信息技术、生物技术、新能源、新材料、高端装备、新能源汽车、绿色环保以及航空航天、海洋装备等产业。推动互联网、大数据、人工智能等同各产业深度融合，推动先进制造业集群发展，构建一批各具特色、优势互补、结构合理的战略性新兴产业增长引擎，培育新技术、新产品、新业态、新模式。促进平台经济、共享经济健康发展。鼓励企业兼并重组，防止低水平重复建设。

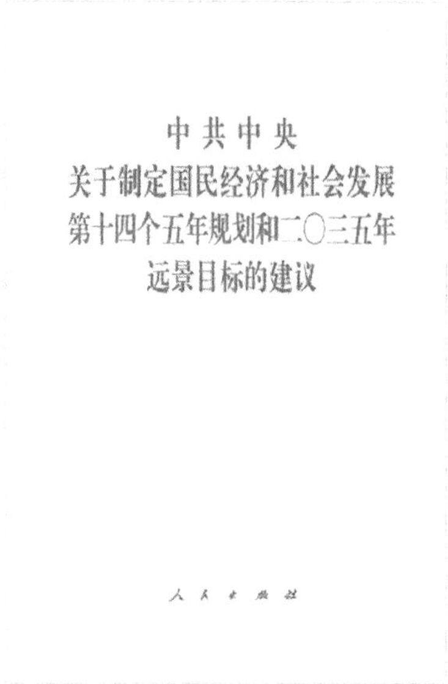

图 8.3　十四五规划和二〇三五年远景目标建议

8.3.2　能源生产和消费革命战略（2016—2030）

能源是人类社会发展的物质基础，能源安全是国家安全的重要组成部分。面对能源供需格局新变化、国际能源发展新趋势，为推进能源生产和消费革命，保障国家能源安全，国家制定了能源生产和消费革命战略，实施期限为 2016～2030 年。

《能源生产和消费革命战略（2016—2030）》（图 8.4）提出的目标要求为：到 2020

图 8.4　《能源生产和消费革命战略（2016—2030）》

年，全面启动能源革命体系布局，推动化石能源清洁化，根本扭转能源消费粗放增长方式，实施政策导向与约束并重。能源消费总量控制在 50 亿吨标准煤以内，煤炭消费比重进一步降低，清洁能源成为能源增量主体，能源结构调整取得明显进展，非化石能源占比 15％；单位国内生产总值二氧化碳排放比 2015 年下降 18％；能源开发利用效率大幅提高，主要工业产品能源效率达到或接近国际先进水平，单位国内生产总值能耗比 2015 年下降 15％，主要能源生产领域的用水效率达到国际先进水平；电力和油气体制、能源价格形成机制、绿色财税金融政策等基础性制度体系基本形成；能源自给能力保持在 80％以上，基本形成比较完善的能源安全保障体系，为如期全面建成小康社会提供能源保障。

2021～2030 年，可再生能源、天然气和核能利用持续增长，高碳化石能源利用大幅减少。能源消费总量控制在 60 亿吨标准煤以内，非化石能源占能源消费总量比重达到 20％左右，天然气占比达到 15％左右，新增能源需求主要依靠清洁能源满足；单位国内生产总值二氧化碳排放比 2005 年下降 60％～65％，二氧化碳排放 2030 年左右达到峰值并争取尽早达峰；单位国内生产总值能耗（现价）达到目前世界平均水平，主要工业产品能源效率达到国际领先水平；自主创新能力全面提升，能源科技水平位居世界前列；现代能源市场体制更加成熟完善；能源自给能力保持在较高水平，更好利用国际能源资源；初步构建现代能源体系。

展望 2050 年，能源消费总量基本稳定，非化石能源占比超过一半，建成能源文明消费型社会；能效水平、能源科技、能源装备达到世界先进水平；成为全球能源治理重要参与者；建成现代能源体系，保障实现现代化。

8.4　新能源与可再生能源发展规划

8.4.1　可再生能源中长期发展规划

我国《可再生能源中长期发展规划》是为了贯彻落实《可再生能源法》，合理开发利用可再生能源资源，促进能源资源节约和环境保护，应对全球气候变化而组织制定，并经国务院审议通过，于 2007 年 8 月 31 日施行。首次制定的《可再生能源中长期发展规划》提出了从 2007 年到 2020 年期间我国可再生能源发展的指导思想、主要任务、发展目标、重点领域和保障措施，其目的是指导这一阶段我国可再生能源发展和项目建设。

《可再生能源中长期发展规划》主要阐明了以下方面的内容：

一是国际可再生能源发展状况，包括发展现状、发展趋势和发展经验。

二是我国可再生能源发展现状，包括资金潜力、发展现状和存在问题。其中，存在的主要问题有：政策及激励措施力度不够；市场保障机制还不够完善；技术开发能力和产业体系薄弱。

三是发展可再生能源的意义。

四是指导思想和原则，包括指导思想和基本原则。

五是发展目标，包括总体目标和具体发展目标。其中，总体目标包括：提高可再生能源比重，促进能源结构调整；解决无电人口的供电问题，改善农村生产、生活用能条件；清洁利用有机废弃物，推进循环经济发展；规模化建设带动可再生能源新技术的产业化发展。

六是重点发展领域，包括水电、生物质能（包括生物质发电，生物质固体成型燃料，生物质燃气和生物液体燃料）、风电、太阳能（包括太阳能发电和太阳能热利用）、其他可再生能源，以及农村可再生能源利用。

七是投资估算与效益分析，包括投资估算、环境和社会影响、效益分析。

八是规划实施保障措施。其中，具体支持措施包括：提高全社会的认识；建立持续稳定的市场需求；改善市场环境条件；制定电价和费用分摊政策；加大财政投入和税收优惠力度；加快技术进步及产业发展。

8.4.2 可再生能源发展"十四五"规划

（1）"十四五"现代能源体系规划

随着"3060"目标被写入"十四五"规划纲要中，大力发展可再生能源将成为我国减少碳排放的重要手段，可再生能源将逐步取代化石能源，转变为我国的主要能源。到"十四五"末可再生能源的发电装机占我国电力总装机的比例将超过50%。其要点包括：可再生能源发电装机快速增长；与此同时可再生能源的利用水平也得到了持续提升；保障新能源消纳利用；更加多元灵活的能源体系规划。

（2）可再生能源"十四五"规划

近年来，我国可再生能源实现跨越式发展，开发利用规模稳居世界第一。截至2020年底，我国可再生能源发电装机总规模达到9.3亿千瓦，占总装机的比重达到42.4%，较2012年增长14.6个百分点；2020年，可再生能源发电量达到2.2万亿千瓦时，占全社会用电量的比重达到29.5%，较2012年增长9.5个百分点。

为确保如期实现碳达峰、碳中和目标，"十四五"可再生能源发展格局将呈现以下方面特点：

第一，到"十四五"末，可再生能源将从能源电力消费的增量补充变为增量主体。

可再生能源发展呈现以下特点："大规模"，到"十四五"末，可再生能源发电装机占我国电力总装机的比例将超过50%；"高比例"，到"十四五"末，预计可再生能源在全社会用电量增量中的占比将达到2/3左右，在一次能源消费增量中的占比将超过50%，可再生能源将从原来能源电力消费的增量补充，变为能源电力消费的增量主体；"市场化"，进一步发挥市场在可再生能源资源配置中的决定性作用，从今年开始风电光伏发展将进入平价阶段，摆脱对财政补贴的依赖，实现市场化和竞争化发展；"高质量"，"十四五"将提升新能源消纳和存储能力，既实现可再生能源大规模开发，也实现高水平消纳利用，更加有力地保障电力可靠稳定供应。

第二，大力提升电力系统的灵活调节能力，构建以新能源为主体的新型电力系统。

第三，发挥规划引导和约束作用，多元化发展非化石能源。

8.5　应对气候变化政策与碳达峰行动方案

8.5.1　中国应对气候变化的政策与行动

2021 年 10 月，《中国应对气候变化的政策与行动》白皮书（图 8.5）发布。对于发展新能源和可再生能源方面的政策行动具体为：坚定走绿色低碳发展道路。

图 8.5　《中国应对气候变化的政策与行动》白皮书

其中特别指出，大力发展绿色低碳产业。建立健全绿色低碳循环发展经济体系，促进经济社会发展全面绿色转型，是解决资源环境生态问题的基础之策。为推动形成绿色发展方式和生活方式，中国制定国家战略性新兴产业发展规划，以绿色低碳技术创新和应用为重点，引导绿色消费，推广绿色产品，提升新能源汽车和新能源的应用比例，全面推进高效节能、先进环保和资源循环利用产业体系建设，推动新能源汽车、新能源和节能环保产业快速壮大，积极推进统一的绿色产品认证与标识体系建设，增加绿色产品供给，积极培育绿色市场。持续推进产业结构调整，发布并持续修订产业指导目录，引导社会投资方向，改造提升传统产业，推动制造业高质量发展，大力培育发展新兴产业，更有力支持节能环保、清洁生产、清洁能源等绿色低碳产业发展。

8.5.2　2030 年前碳达峰行动方案

2021 年 10 月 24 日，国务院发布《2030 年前碳达峰行动方案》（图 8.6）。其中指出重点任务之一是：将碳达峰贯穿于经济社会发展全过程和各方面，重点实施能源绿色低碳转型行动、节能降碳增效行动、工业领域碳达峰行动、城乡建设碳达峰行动、交通运输绿色低碳行动、循环经济助力降碳行动、绿色低碳科技创新行动、碳汇能力巩固提升行动、绿色低碳全民行动、各地区梯次有序碳达峰行动等"碳达峰十大行动"。

其中"能源绿色低碳转型行动"指出，能源是经济社会发展的重要物质基础，也是碳排放的最主要来源。要坚持安全降碳，在保障能源安全的前提下，大力实施可再生能源替代，加快构建清洁低碳安全高效的能源体系。

图 8.6　2030 年前碳达峰行动方案

"能源绿色低碳转型行动"具体涉及以下方面：

（1）推进煤炭消费替代和转型升级

加快煤炭减量步伐，"十四五"时期严格合理控制煤炭消费增长，"十五五"时期逐步减少。严格控制新增煤电项目，新建机组煤耗标准达到国际先进水平，有序淘汰煤电落后产能，加快现役机组节能升级和灵活性改造，积极推进供热改造，推动煤电向基础保障性和系统调节性电源并重转型。严控跨区外送可再生能源电力配套煤电规模，新建通道可再生能源电量比例原则上不低于 50％。推动重点用煤行业减煤限煤。大力推动煤炭清洁利用，合理划定禁止散烧区域，多措并举、积极有序推进散煤替代，逐步减少直至禁止煤炭散烧。

（2）大力发展新能源

全面推进风电、太阳能发电大规模开发和高质量发展，坚持集中式与分布式并举，加快建设风电和光伏发电基地。加快智能光伏产业创新升级和特色应用，创新"光伏＋"模式，推进光伏发电多元布局。坚持陆海并重，推动风电协调快速发展，完善海上风电产业链，鼓励建设海上风电基地。积极发展太阳能光热发电，推动建立光热发电与光伏发电、风电互补调节的风光热综合可再生能源发电基地。因地制宜发展生物质发电、生物质能清洁供暖和生物天然气。探索深化地热能以及波浪能、潮流能、温差能等海洋新能源开发利用。进一步完善可再生能源电力消纳保障机制。到 2030 年，风电、太阳能发电总装机容量达到 12 亿千瓦以上。

（3）因地制宜开发水电

积极推进水电基地建设，推动金沙江上游、澜沧江上游、雅砻江中游、黄河上游等已纳入规划、符合生态保护要求的水电项目开工建设，推进雅鲁藏布江下游水电开发，推动小水电绿色发展。推动西南地区水电与风电、太阳能发电协同互补。统筹水电开发和生态保护，探索建立水能资源开发生态保护补偿机制。"十四五"、"十五五"期间分别新增水电装机容量 4000 万千瓦左右，西南地区以水电为主的可再生能源体系基本建立。

（4）积极安全有序发展核电

合理确定核电站布局和开发时序，在确保安全的前提下有序发展核电，保持平稳建设节奏。积极推动高温气冷堆、快堆、模块化小型堆、海上浮动堆等先进堆型示范工程，开展核能综合利用示范。加大核电标准化、自主化力度，加快关键技术装备攻关，培育高端核电装备制造产业集群。实行最严格的安全标准和最严格的监管，持续提升核安全监管能力。

（5）合理调控油气消费

保持石油消费处于合理区间，逐步调整汽油消费规模，大力推进先进生物液体燃料、可持续航空燃料等替代传统燃油，提升终端燃油产品能效。加快推进页岩气、煤层气、致密油（气）等非常规油气资源规模化开发。有序引导天然气消费，优化利用结构，优先保障民生用气，大力推动天然气与多种能源融合发展，因地制宜建设天然气调峰电站，合理引导工业用气和化工原料用气。支持车船使用液化天然气作为燃料。

（6）加快建设新型电力系统

构建新能源占比逐渐提高的新型电力系统，推动清洁电力资源大范围优化配置。大力提升电力系统综合调节能力，加快灵活调节电源建设，引导自备电厂、传统高载能工业负荷、工商业可中断负荷、电动汽车充电网络、虚拟电厂等参与系统调节，建设坚强智能电网，提升电网安全保障水平。积极发展"新能源＋储能"、源网荷储一体化和多能互补，支持分布式新能源合理配置储能系统。制定新一轮抽水蓄能电站中长期发展规划，完善促进抽水蓄能发展的政策机制。加快新型储能示范推广应用。深化电力体制改革，加快构建全国统一电力市场体系。到 2025 年，新型储能装机容量达到 3000 万千瓦以上。到 2030 年，抽水蓄能电站装机容量达到 1.2 亿千瓦左右，省级电网基本具备5％以上的尖峰负荷响应能力。

思考题

1. 简述我国颁布可再生能源法的主要目的。
2. 简述我国能源生产和消费革命战略关于 2020 年、2030 年和 2050 年的具体要求和达成目标。
3. 我国能源和可再生能源"十四五"规划中的主要目标是什么？
4. 我国 2030 年碳达峰十大行动的具体内涵包括哪些内容？

参考文献

[1]　国家能源局.中华人民共和国可再生能源法［M］.北京：人民出版社，2017.

［2］　国家发展改革委.国家发展改革委关于印发可再生能源中长期发展规划的通知［EB/OL］.2007-09-04.
　　　https：//www.ndrc.gov.cn/xxgk/zcfb/ghwb/200709/t20070904＿962079.html？code＝&state＝123.

［3］　国家能源局.国家能源局综合司关于做好可再生能源发展"十四五"规划编制工作有关事项的通知［EB/
　　　OL］.［2020-04-09］.http：//zfxxgk.nea.gov.cn/2020-04/09/c＿138978661.htm.

［4］　中华人民共和国国务院新闻办公室.《新时代的中国能源发展》白皮书［M］.北京：人民出版社，2017.

［5］　中华人民共和国国务院新闻办公室.《中国应对气候变化的政策与行动》白皮书［M］.北京：人民出版
　　　社，2017.

［6］　中华人民共和国国务院.2030年前碳达峰行动方案［EB/OL］.2021-10-27.http：//www.gov.cn/zhengce/con-
　　　tent/2021-10-26/content＿5644984.htm.